全方位

学做正宗粤菜

正宗绝色粤菜

郑伟乾/编著　郭　刚/摄影　无极文化/策划

200道绝味绝色的地道粤菜

200张让人垂涎欲滴的美食图片

100条粤菜私房烹饪秘籍

100项粤菜烹饪知识点

重庆出版集团　重庆出版社

图书在版编目（CIP）数据

正宗绝色粤菜 / 郑伟乾编著；郭刚摄影．—重庆：重庆出版社，2015.5

ISBN 978-7-229-09691-5

Ⅰ．①正… Ⅱ．①郑… ②郭… Ⅲ．①粤菜－菜谱 Ⅳ．① TS972.182.65

中国版本图书馆 CIP 数据核字（2015）第 076539 号

正宗绝色粤菜

ZHENGZONG JUESE YUECAI

郑伟乾 编著

郭 刚 摄影

出 版 人：罗小卫

策 划：无极文化

责任编辑：刘 喆

策划编辑：刘秀华

特约编辑：袁芝兰 夏雪梅

责任校对：何建云

美术编辑：无极文化·陈康慧

封面设计：重庆出版集团艺术设计有限公司·卢晓鸣

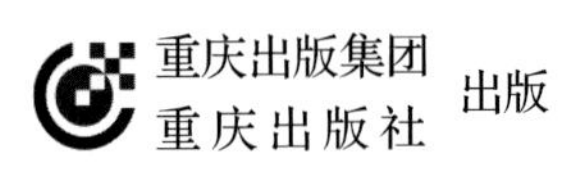

出版

重庆市南岸区南滨路 162 号 1 幢　邮政编码：400061　http://www.cqph.com

深圳市好印象真彩印刷有限公司印刷

重庆出版集团图书发行有限公司发行

E-mail:fxchu@cqph.com　邮购电话：023-61520646

全国新华书店经销

开本：720mm×1 000mm　1/16　印张：11　字数：180 千

2015 年7月第1版　2015 年7月第1次印刷

ISBN 978-7-229-09691-5

定价：28.80 元

如有印装质量问题，请向本集团图书发行有限公司调换：023-61520678

前言

“岭南自古风物华，果珍馐美不须夸。”作为岭南文化的代表之一，粤菜以风格高雅大气、风味崇尚鲜爽、选料广博奇杂、烹饪技艺精湛而独树一帜，饮誉四方。这不仅得益于广东的沿海地理位置和物产丰富的优势，还得益于其善采“京都风味”“姑苏风味”和“扬州炒卖”之长，并贯通中西，在保持了传统精髓的基础上，制法也能做到不断地推陈出新，因此，成就了饮食界中的一缕异香。

粤菜的“取材广泛”，天上飞的、地上跑的、水里游的……全都可以作为粤菜的食材来源。

粤菜的烹饪技法以炒、爆为主，兼有烩、煎、烤，还独创了焗、煲、软炒等烹调方法。粤菜崇尚自然本色，且在食材的选择和烹饪方式上，都讲究精益求精。其时令性强，夏秋尚清淡，冬春求浓郁，尤其注重滋补养生，其中广东老火汤就是对粤菜健康、热量低特点的最佳诠释。因此，在更加注重健康饮食和养生的今天，粤菜无疑会越来越受到大众的青睐。

本书中的粤菜食谱，家常易做，取之自然，清中求鲜，淡中求美，让您在掌握经典粤菜的烹调技术和健康知识的同时，也吃出品味和健康。书中对粤菜作了详尽的解说，包括粤菜的风味、特点、调味品和烹调法，并按照各菜的主要原料，分为畜肉、禽蛋、水产、素菜、汤五类，最后还将花样点心和特色小吃呈现给大家。

吃粤菜吃的不止是菜，还是一种文化，一种健康标准的体现。翻开此书，总有一种熟悉的味道，触动你的味蕾，也触动你的心灵。

目录

第一章

清鲜淡美是粤菜

第二章

非吃不可的经典粤菜

第三章

海鲜水产类

第四章

禽蛋类

第五章

畜肉类

第六章

清淡养生菜

第七章

广式老火靓汤

第八章

主食、点心、小吃

第一章

清鲜淡美是粤菜

粤菜绚丽多姿，烹调技艺精良，用料广博且杂。粤菜善于在模仿中创新，依食客喜好而烹制。粤菜时令性强，夏秋尚清淡，冬春求浓郁，尤其注重滋补养生，清中求鲜、淡中求美，以其独特的菜式和韵味，享誉中外。

粤菜的历史和发展

粤菜发源于岭南，由广州菜、客家菜、潮汕菜发展而成。它的形成和发展与广东的地理环境、经济条件和风俗习惯密切相关，虽然起步较晚，但以其精湛的烹饪技艺、独特的风味饮誉四方。

粤菜的历史

粤菜的起源，可追溯到距今两千多年前的汉初。

在中原移民到来之前，岭南越族先民就已有独特的饮食风格，如嗜好虫蛇鱼蛤与生食。西汉时刘安曾有“越人得蟒蛇以为上肴”的记述。宋代周去非的《岭外代答》也记载广州人“不问鸟兽虫蛇无不食之”。这些都与广州所处的地理环境分不开。广州属于亚热带水网地带，虫蛇鱼蛤特别丰富，唾手可得，烹而食之，由此养成喜好鲜活、生猛的饮食习惯。

自秦汉开始，中原汉人为逃避战乱而南渡。他们不但带来了先进的生产技术和文化知识，同时也带来了“烩不厌细，食不厌精”的中原饮食风格。中原文化的南移，中原饮食制作的技艺、炊具、食具和百越农渔丰富物产的结合，就成为粤式饮食的起源。

到了唐宋时期，广州成为中西海路的交通枢纽，外商大多聚集在羊城，商船结队而至，广州的烹调技艺得到迅速提高。明清时期，广州的饮食文化进入了高峰。据清道光二年（1822 年）的有关文献记载，“广州西关肉林酒海，无寒暑，无昼夜。”晚清以后，广州已经成为我国南方最大的经济重镇，街头除了正宗粤菜之外，京都风味、姑苏风味、四川小吃、山西面食已经随处可见，粤菜烹饪大师取百家之长加以创新改造，使得粤菜体系迅猛发展壮大，自成一家。

粤菜的发展

粤菜的发展与广东的地理环境、经济条件和风俗习惯密切相关，除此之外，还得益于广泛吸收外来精华。

广东地处我国南端沿海，境内高山平原鳞次栉比，江河湖泊纵横交错，气候温和，雨量充沛，故动植物类的食品资源极为丰富。同时，广州又是历史悠久的通商口岸城市，吸取了外来的各种烹饪原料和烹饪技艺，使粤菜日渐完善。加之旅居海外的华侨把欧美、东南亚的烹调技术传回家乡，丰富了广东菜谱的内容，使粤菜在烹调技艺上留下了鲜明的西方烹饪的痕迹。同时，粤菜还善于取各家之长，如“京都风味”“姑苏风味”和“扬州炒卖”等，并结合广东原料广博、质地鲜嫩、人们口味喜欢清鲜常新的特点，加以发展，触类旁通，常学常新。

漫长的岁月，使广州人既继承了中原饮食文化的传统，又博采外来及各方面的烹饪精华，再根据本地的口味、嗜好、习惯，不断吸收、积累、改良、创新，从而形成了菜式繁多、烹调艺巧、质优味美的饮食特色。近百年来已成为国内最具代表性和最有世界影响的饮食文化之一。到现在，广州的饮食，无论是食品的品种、质量，酒楼食肆的数量和规模，抑或是饮食环境、服务质量，在国内都是首屈一指的，在国外也享有盛名。

粤菜中的三大风味

粤菜系由广州菜、潮汕菜、客家菜三种地方风味组成。其中以广州菜为代表，所以有“食在广州”之说！

广州菜

广州菜又称广府菜，集南海菜、番禺菜、东莞菜、顺德菜、中山菜等地方风味特色，追求色香味俱全，通过刀工、烹调、火候、佐料、拼盘、菜名以及饮食环境等相互配合与协调，从而达到饮食与艺术融为一体的美的境界。

广州菜的烹饪，最讲究“鲜”。要选用最新鲜的材料，还要掌握一定的火候，这样烹制出来的食物才能又鲜又嫩。在烹饪方法上讲究简约自然，很少用重味料去烹制，多采用清蒸、白切、白灼等手法，以保持食物的原汁原味和清淡鲜甜。

广州菜的食材庞杂鲜活，在其他菜系中令人瞠目结舌的选料，却被奉为席间珍品。比如蛇，在广州菜中被列为上佳选材。有道名菜叫软炒水蛇片，用新鲜的蛇肉起肉后即炒，这样炒出来的蛇肉色泽雪白，肉质鲜美可口。此外，广州菜还有以花入馔的习俗，采用清晨带露的菊花瓣或荷花瓣，直接食用，以求其鲜。如菊花三蛇羹，就是把有解毒功效的鲜菊佐以蛇羹食用，不加烹煮，以保色、香、味、形、养不受损害。

广州菜讲究时令，不同的季节有不同的饮食，讲究“春则清之，夏则凉之，秋则润之，冬则温之”。从这里可以看出，广州菜讲究以食养生，循着科学营养、健康有益和美容养生的饮食需求变化。

代表品种：白切鸡、龙虎凤、白灼虾、清蒸海鲜、烤乳猪、香芋扣肉、黄埔炒蛋、炖禾虫、狗肉煲、五彩炒蛇丝等，都是饶有地方风味的广州名菜。

潮汕菜

潮汕菜发源于潮汕地区，故属闽地，其语言和习俗与闽南相近。隶属广东之后，又深受“珠三角”的影响，故潮汕菜接近闽、粤，汇两家之长，自成一派。以烹制海鲜见长，汤类、素菜、甜菜最具特色。潮菜注重刀工和造型，烹调技艺以焖、炖、烧、炸、蒸、炒等法擅长。

潮汕菜富有田园风味，素菜品种繁多，普通瓜果都可以入厨，而素菜的烹调多与肉类等一起制成，妙处在于上席

广州菜－白灼虾

潮汕菜－八宝素菜

客家菜－梅菜扣肉

时菜肴饱含肉味而不见肉，菜身鲜嫩而不糜，味道青素而不斋，菜肴主调料分明而又互为依托。味尚清鲜，油而不腻。著名的潮汕素菜有：厚菇芥菜、玻璃白菜、八宝素菜、护国菜等。

此外，潮汕菜中甜菜品种繁多，款式百种以上，都是粗料细作，香甜可口。瓜果等农产品固然常用，但也会常选用一些荤料制作冷、热甜菜。

代表品种：金瓜芋泥、羔烧番薯、甜绉纱肉等。

客家菜

客家菜，又称东江菜，它的形成与客家民系的形成是分不开的。因客家原是中原人，在汉末或北宋后期因避战乱南迁，聚居在广东东江一带。其语言、风俗尚保留中原固有的风貌，菜品多用肉类，极少水产，主料突出；讲究香浓，下油重，味偏重“肥、咸、熟”；注重火功，以砂锅菜见长；造型古朴自然，有独特的乡土风味。

代表品种：梅菜扣肉、盐焗鸡、客家酿豆腐、猪肚包鸡、酿苦瓜、闽西八大干、盆菜、四星望月、芋子包、芋子饺等。

客家菜烹饪技艺中，有相当一部分极其古老，在现代菜谱中独具特色。比如《礼记注疏》中记载的“捣珍”技法：“取牛、羊、麋、鹿、麇之肉，必胈。每物与牛若，捶反侧之，去其饵（筋腱），熟出之，去其膻，揉其肉。”此法出自古人，来自中原，在南北朝贾思勰的《齐民要术》中称为“跳丸炙”，距今已有2000多年的历史。从这里可以看出，客家烹饪术作为民俗文化中的饮食文化，勘称古意浓厚，是千百年来客家人在生活中凝练出的智慧结晶。

此外，东江风味小吃，也是客家菜的一部分。几乎每种小吃都与农事季节有关，或者反映了一种习俗，如：米糕、野艾糍、油果、大笼糍等。

粤菜的特点

粤菜不仅具有地方风味的特色，更兼采京、苏、扬、杭、鲁等外省菜以及西菜之所长，融会贯通而独成一家。粤菜作为中国菜八大菜系之一，以其独特的风格和风味享有盛誉。

1 饮食开放　用料庞杂

广东地处东南沿海地区，气候温和，物产丰富，故而广东人的食材非常丰富，经常听人说“广州人除了地上四条腿的桌子、水里游的蚂蟥、天上飞的飞机不吃之外，其他什么东西都敢吃”，可见广州饮食风之盛。的确，粤菜最大特色便是采料复杂，菜式丰富。它用料广博奇杂，配料多而巧。蛇虫鼠蚁、飞禽走兽、山珍海味、中外食品，无所不有，可谓全国之冠。这些原料，一经厨师妙手烹制，每令食者击节赞赏，叹为异品奇珍。

2 博采众长　自成体系

粤菜形成的历史是由中外饮食文化汇合并结合地域气候特点不断创新而成的，因此具有“杂交”的优势。粤菜的烹调方法有30多种，其中的炮、扒、焯是从北方的爆、扒、汆移植来的，焗、煎、炸则是从西餐中借鉴。广东人思想开放，不拘泥，善于模仿创新，因此在菜式和点心研制上，便富于变化，标新立异，制作精良，品种丰富。粤菜的菜式还注重随季节时令变化而变，夏秋求清淡，冬春重浓郁。宴席上的菜式皆冠以美名，如虾仁炒马蹄（荸荠）叫“龙马精神”。

3 刀工干练　口味清淡

粤菜刀工干练，以生猛海鲜类的活杀活宰见长，技法上注重朴实自然，不像其他菜系刀工细腻。“清鲜嫩滑爽香”六字是粤菜广受欢迎的根本原因。粤菜调味品种类繁多，遍及酸、甜、苦、辣、咸、鲜。但一般只用少量姜葱、蒜头做“料头”，而少用辣椒等辛辣性作料，也不会大咸大甜。粤菜重色彩，求镬气，火候恰到好处。粤菜追求原料的本味、清鲜味，如活蹦乱跳的海鲜、野味，要即宰即烹，原汁原味。广州人好吃鸡，但最爱吃的是白切鸡。白切鸡的做法是水煮开以后停火，把光鸡浸在开水里浸熟，外地人看见骨头有血不敢吃，其实皮肉全熟了，保持了鸡的原味，吃的时候才加姜、盐等配料。“清平鸡”是白切鸡中的佼佼者，被称为“广州第一鸡”。它只用白卤水浸制，不加任何配料，但皮爽肉滑洁白清香，“骨都有味”。这种追求清淡、追求鲜嫩、追求本味的特色，既符合广州的气候特点，又符合现代营养学的要求，是一种较为科学的饮食文化。

粤菜的原料和调料

我国烹饪素以择料严谨而著称。美味佳肴的制作取决于烹调水平的高低，而烹调水平的发挥，则在一定程度上取决于原料及调料的选用。由此可见原料和调料的选用是制作菜肴的重要环节。正宗粤菜之所以有其特点，与其所用的原料、调料有着密切的关系。

黑山猪

黑山猪全身均为纯黑色毛，头小，脚小，灵活好动，抗病力强。黑山猪放养在广东清远阳山，食用野草，不吃含有添加剂的饲料。生产周期在9～12个月，因此黑山猪肉色泽鲜艳，肉质柔嫩，肉香骨脆，营养丰富，胆固醇含量低，含水量少，肉有嚼劲，味道香浓。

清远鸡

又称清远麻鸡，原产于广东清远市。因母鸡背侧羽毛有细小黑色斑点而得名。清远鸡因其肉嫩、细滑而自古有名，素以皮色金黄、肉质嫩滑、皮爽、骨软、肉鲜红味美、风味独特而驰名。清远鸡用途广泛，烹饪不受限制，清蒸、盐焗、炖、焖、烤均可成为佳肴，是妇女坐月子、病弱、冬季进补、喜庆婚宴的首选珍品。

马冈鹅

产于广东省开平市马冈镇，故称马冈鹅。马冈鹅皮薄，肉纹纤细，肉质好，脂肪适中，味道鲜美，用途广泛，烹调方法多样，烧、炒、卤水、白切、煲汤均可成为佳肴，深受食客的欢迎。

芥蓝

芥蓝味甘、性辛，具有除邪热、解劳乏、清心明目的功能。芥蓝品质脆嫩，清淡爽脆，爽而不硬，脆而不韧，以炒食最佳。

广东菜心

是中国广东的特产蔬菜，品质柔嫩、风味可口，并能周年栽培。营养丰富，维生素C含量丰富，有清热解毒、杀菌、降血脂的功能，可炒食、汤用。

芥菜

芥菜中所含有的维生素A、B族维生素、维生素C和维生素D很丰富，具有提神醒脑，解除疲劳的作用。

荷兰豆

富含维生素A、C、B_1、B_2，烟碱酸，钾，钠，磷，钙等，并且含有丰富蛋白质，结荚饱满，颜色青绿，外形美观，营养丰富，食味甜脆爽口，深受食客欢迎。

西蓝花

品质柔嫩，纤维少，水分多，风味比花椰菜更鲜美。

苦苣

苦苣性寒、味苦、无毒，有消炎解毒的作用，含有丰富的植物蛋白、钙及维生素等营养物质。适宜生食、煮食或做汤。

彩椒

主要有红、黄、绿、紫四种。彩椒富含多种维生素及微量元素，果大肉厚，甜中微辛，汁多甜脆，色泽诱人，可促进食欲，并能舒缓压力。

鲳鱼

鲳鱼含有丰富的微量元素硒和镁，其肉厚、刺少、味佳，营养丰富，是天然营养佳品。对冠状动脉硬化等心血管疾病有预防作用，并能延缓机体衰老，预防癌症的发生。

带鱼

带鱼肉嫩体肥、味道鲜美，只有中间一条大骨，无其他细刺，食用方便，是人们比较喜欢食用的一种海洋鱼类，具有很高营养价值，能和中开胃、暖胃补虚，还有润泽肌肤、美容功效，不过患有疮、疥的人还是少食为宜。

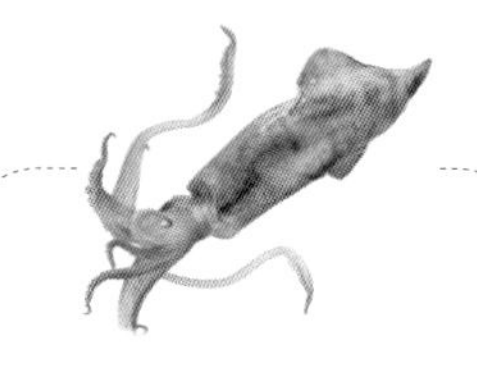

鱿鱼

鱿鱼的营养价值非常高，其富含蛋白质、钙、牛磺酸、磷、维生素 B_1 等多种人体所需的营养成分，且含量极高。此外，脂肪含量极低。鱿鱼可做爆、炒、烧、烩、汆等菜之用。

黄花鱼

黄花鱼有“大黄鱼”和“小黄鱼”两种，大黄鱼肉肥厚但略嫌粗老，小黄鱼肉嫩味鲜但刺稍多。含有丰富的蛋白质、矿物质和维生素，对人体有很好的补益作用。黄花鱼用途很广泛，烹调方法多样，可油炸、煲汤、清蒸。

石斑鱼

石斑鱼营养丰富，肉质细嫩洁白，类似鸡肉，素有“海鸡肉”之称，是一种低脂肪、高蛋白的上等食用鱼，是高档宴席必备之佳肴。

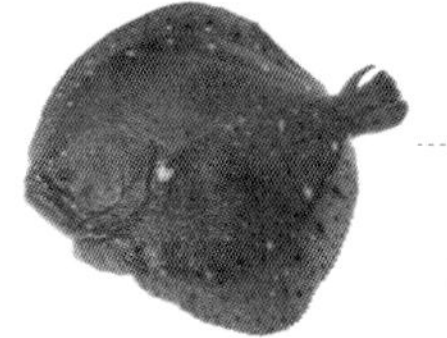

多宝鱼

属于鲽形目鲆科，俗称欧洲比目鱼。其食用价值高。不仅骨刺少，口感爽滑甘美，胶质蛋白含量高，而且能润肤美容、补肾健脑、助阳提神，经常食用有滋补健身，提高人体免疫力的功效。

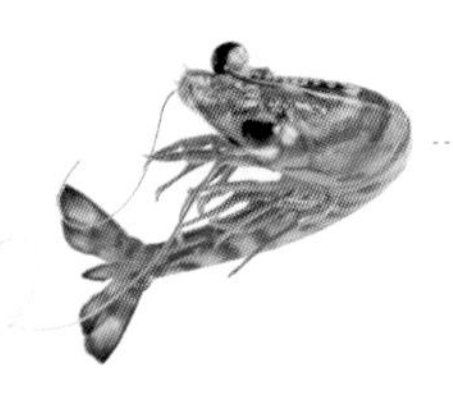

基围虾

学名刀额新对虾，是我国对虾科57种虾中的一种，而基围则为广东、香港地区的方言，指堤坝。在珠江三角洲的河海交汇处，围水养殖，咸水淡水并蓄，虾的品种独特，虾肉脆嫩，滋味鲜美，为一般海虾、河虾所不及。

龙虾

龙虾，甲壳纲十足目龙虾科的通称。因体形似神话中的龙而得名。一般栖息于温暖海洋的近海海底或岸边。以南非和澳大利亚所产质量为佳。我国主要产于东海和南海，以广东南澳岛产量最多，夏秋季节为出产旺季。

濑尿虾

濑尿虾蛋白质含量高达20%左右，而脂肪含量只有0.7%，另外还含有维生素、肌苷酸、氨基丙酸等营养成分。食用方法有椒盐和清蒸等。

北极贝

学名库页岛马珂蛤，北极贝具有色泽明亮（红、橘、白）、味道鲜美、肉质爽脆等特点，含有丰富的蛋白质和不饱和脂肪酸（DHA），是海鲜中的极品。

虫草花

非草非花，是一种菌类，与常见的香菇、平菇等食用菌类似，有滋肺补肾、护肝、防衰老、抗菌、降血压、提高机体免疫能力等作用，很适合肝肾阴虚人士食用。

鱼肚

鱼肚，即鱼鳔、鱼胶、白鳔、花胶，是鱼的沉浮器官，经剖制晒干而成。一般有黄鱼肚、回鱼肚、鳗鱼肚、鲟鱼肚、鮸子鱼肚等，属四大海味之一，近代被列入“八珍”之一。产于我国沿海，以广东的“广肚”为最佳。

干贝

干贝是我国传统海味加工制品之一，以江瑶柱、日月贝等几种贝类的闭壳肌风干而成。古人曰：“食后三日，犹觉鸡虾乏味。”干贝中优质新鲜的，呈淡黄色，如小孩指头般大小。是海产“八珍”之一，为名贵的水产食材。

海参

海参同人参、燕窝、鱼翅齐名，是世界八大珍品之一。海参不仅是珍贵的食品，也是名贵的药材，含有蛋白质、钙、钾、锌、铁、硒、锰等活性物质。

黄蚬子

黄蚬子学名青柳蛤。外壳呈黄色，其肉也呈黄色。蚬肉中含有蛋白质、多种维生素和钙、磷、铁、硒等人体所需的营养物质。

鲍鱼

鲍鱼古称鳆鱼，是名贵的海珍品之一，鲍鱼肉质柔嫩细滑，滋味极其鲜美，非其他海味所能比拟。历来被称为“海味珍品之冠”，素有“一口鲍鱼一口金”之说。

牡蛎

牡蛎，又称蚝、生蚝。牡蛎肉含有比较丰富的蛋白质、脂肪、多种氨基酸、维生素及碘、铜、锌、磷、钙等，这些都是人生长和代谢活动所必需的营养物质。

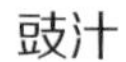

蚝油

用蚝与盐水熬成的调味料，味道鲜美、蚝香浓郁、黏稠适度，营养价值很高，是广东常用的传统鲜味调料之一。蚝油做法程序繁多，最重要的步骤是用水将鲜蚝煮至理想黏度，此步骤亦是最花时间的。优质的蚝油应带有蚝的鲜味。蚝油一般加有味精，另有用冬菇制造的素食蚝油。

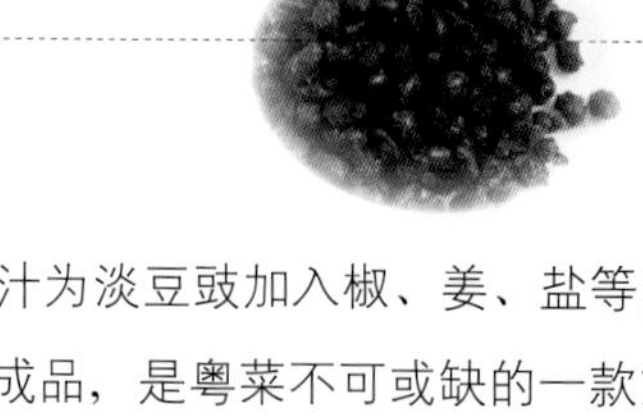

豉汁

豉汁为淡豆豉加入椒、姜、盐等的加工制成品，是粤菜不可或缺的一款重要的调料。广东菜一般会用阳江豆豉，这种豆豉比较干松，制作时必须先蒸一下才好剁细，然后配以干葱、红椒、姜蒜等提香之物一起炒制，再添些许蚝油、绍酒等提鲜之物，小火慢炒，直至耗出豆豉最后一丝涩气，松香软嫩的豉汁这时才算完成。

鱼露

又称鱼酱油，一种以鱼、虾为原料发酵而成的调味酱汁，是发源于广东潮汕的咸味调味品，与潮汕菜脯、酸咸菜并称“潮汕三宝”，色泽呈琥珀色，味道咸而带有鱼类的鲜味，现潮汕菜的烹制，厨师仍多喜用。鱼露的制作方法比较复杂，要经过盐腌、发酵、成熟、抽滤、配制等五道工序。

柱侯酱

是佛山最有特色的食品配料之一，是用豆酱、酱油、食糖、蒜肉、食油、水等原料，经制曲、晒制后成酱，和以猪油、白糖、芝麻，重新蒸煮而成。色鲜味美、香甜适中，有芬芳的豉味，是别有风味的调味佳品，适用于烹调风味独特的柱侯鸡、鹅、鸭，并可焖制各种肉类。

沙茶酱

具有大蒜、洋葱、花生米等特殊的复合香味，虾米和生抽的复合鲜咸味，以及轻微的甜、辣味。色泽淡褐，呈糊酱状，是广东省流行的一种混合型调味品。潮州沙茶酱的香味更为浓郁，适合炒、焗、焖、蒸等烹调方法。

酸梅酱

酸梅酱是由酸梅、酸梅蜜饯、砂糖及白醋制成，口感酸甜、营养开胃。

糯米甜酒

糯米甜酒作为调味佳品的原理在于，它能溶解其他食物中的三甲胺、氨基醛等物质，受热后这些物质可随酒中的挥发性成分逸出，故能除去食物中的异味。

沙姜

又称山柰，外皮呈褐色，略带光泽，经晒不瘪，皮薄肉厚，质脆肉嫩，味辛辣带甜，含姜辣素高，具有化痰行气、消食开胃、健脾消水去湿和防疫等功效。广府菜多用沙姜做配料，菜肴特别美味可口，香而不腻，饶有风味。

珠油

是潮汕菜一种常见的调味品，它是用红糖、盐、香料和水熬成的一种绛红色液体，这熬好的珠油咸中带甜，并且带有浓郁的香味，外观看与酱油相似，不过浓度要比酱油稠一些。可以用来烹调海鲜热菜，也可用于炒肉类菜，不过最好用于腌渍鸡翅或鳗鱼，然后把腌过的原料用明火炉烤至成菜。在潮州一带，人们还把珠油叫红豉油、甜豆油，通常是作为蘸碟在用。

柠檬汁

柠檬汁是新鲜柠檬经榨挤后而得到的酸味极浓的汁液，具有止咳、化痰、生津健脾等功效，具有增强人体免疫力、改善记忆、延缓衰老和美容养颜等作用。此外，柠檬汁也可用于烹饪，能有效减轻食物的腥味及食物本身的异味，减少原料中维生素C的流失。

咖喱粉

咖喱粉是用多种香料配制研磨成的一种粉状香辛调味品，色黄味辣。不管是搭配肉类、海鲜或蔬菜，都能将其融合并协调成多样层次与口感，很受人们欢迎。正确的使用方法是在锅中放些油，加些鲜姜、蒜等进行炒制，将其炒制成咖喱油，用于烹饪，这样不仅去掉了药味，而且芳香四溢，金黄香辣，别有风味。

粤菜烹调的特殊技法

粤菜之烹技极为讲究，特别强调通过技法达到粤菜美、爽、嫩、滑之要求。粤菜烹调方法有30种之多，尤以炒、煎、焗、焖、炸、煲、炖、扣等见长，讲究火候，尤重“镬气”和现炒现吃，做出的菜肴注重色、香、味、形。

软炒法

软炒法是用鸡蛋或牛奶为主料，配以一些经处理熟而不带骨的原料（鱼片除外），混合放入经猛锅阴油的热锅中，用中至慢火，在锅中炒至主料约九成熟而成菜品的一种烹调方法。

软炒法的菜式可以说是粤菜的一大特色，菜品清香、软滑，味道鲜美，营养丰富，配料以爽、嫩为主，原料以仅熟为准，突出主料的颜色。

广式蒸菜法

广式蒸菜在加热前要给予适当的味料腌渍或加热后再调味。例如：豉汁蒸排骨、清蒸滑鸡等，必须要注意调味的顺序和用料。其顺序是先加入料头和调味料拌匀，再加入干淀粉拌匀，最后加入食用油拌匀；另外，这类菜肴在调味时要加入干淀粉拌匀，这样菜品熟后才产生光泽，肉质嫩滑。而且装盘时要平摊在盘上，这样才能使原料受热均匀而达到熟度一致。

焖

焖是将经过初步熟处理的原料，加入调味料和汤汁，用旺火烧沸，用中小火加热成熟，带汁芡的一种操作方法。根据原料性能和调味料的特色，焖菜可分黄焖、红焖、油焖、生焖和熟焖等。生焖是将生的原料，经滑油或爆炒有香味溢出时，加上调味料和汤，加盖烹至熟透，是一种操作简单的烹调方法。

生炒

生炒又称火边炒，以不挂糊的原料为主。先将主料放入沸油锅中，炒至六分熟，再放入

配料，然后加入调味，迅速颠翻几下，断生即好。这种炒法，汤汁很少，原料鲜嫩。如果原料的块形较大，可在烹制时加入少量的汤汁翻炒几下，使原料炒透，出锅即可。

白灼法

灼是粤菜烹调的一种技法，以煮滚的水或汤，将生的食物烫熟，是突出粤菜清淡的手法之一。灼的方法大致分为两类，一类是原质灼法，另一类是“变质”灼法。原质灼法，物料能保持原有鲜味，广州人常用此法烹制基围虾和菜胆。“变质”灼法，务求爽口，灼前要对物料加工处理，如腌渍，“啤水”等，使其变爽，然后才灼。鹅肠、猪腰等常用此法烹制。

在日常烹制中，白灼基围虾较为常见，最能保持其原味的灼法是：锅内放葱白和姜片，倒入少许白酒，再加入适量清水，等水滚后，放进基围虾灼熟（以蟹眼水为度），蘸以熟辣椒豉油而食，此过程若只用滚水灼之，则虾的腥味仍会残留，而加入姜、葱、酒等配料，腥味自然去尽。白灼菜胆也较常见，其方法是：在滚水内加少许生油，以猛火处理，那出锅的菜胆就会油润青绿了。

煎封法

煎封是粤菜煎法中的一种，又叫煎碰，多用于烹制肉厚的鱼类。所用汁液，用上汤、汁、盐、白糖、酱油等拌成，称为煎封汁。其要点是将鱼煎至金黄色，加料头和汁液，上盖，焖熟，勾芡。实际是一种以煎为主，以焖为辅的方法。成品既有煎的芳香，也有焖的浓醇，滑软可口，风味别致。

瓤法

瓤是将动物性原料的内脏、骨刺或者植物性原料的瓤、核等剔去或者挖去（或将其切成夹刀片），然后再将其他原料制成的馅料填入瓤，并用多种不同的烹调方法制成的菜肴。用煎的方法制熟的瓤菜叫煎瓤；用烧的方法制熟的瓤叫烧瓤；用扒的方法制成的瓤称为扒瓤。

浸

浸是粤菜常见的技法之一，其中常用的液体传热介质有水、汤和植物油，据此浸可分为水浸、汤浸、油浸三类。水浸是指水沸后放入原料，缓火浸熟，成品如白切鸡；汤浸是指主料、配料等分别经过焯水、拉油或爆炒后，倒入热汤将原料浸熟，此法主要用于潮汕菜；油浸是用嫩油将原料浸熟，成菜如油浸多宝等。

啫

啫是一种经典的粤菜烹饪技法，用砂锅烹制的菜式，都可以统称为啫，其名字来源于上席时“啫啫”作响的声音。广东各地的做法大同小异，先把砂锅烧热，然后下猪油，放入已经腌渍好的原料，再配以葱姜、辣椒、蒜瓣爆炒，最后下入酱油。热猪油遇到冷酱油，响声入耳。

粤菜烹调小窍门

众所周知，粤菜在烹调时非常讲究。在烹饪过程中掌握以下窍门，就能让食物更清鲜淡美。

冬天煲汤放些陈皮

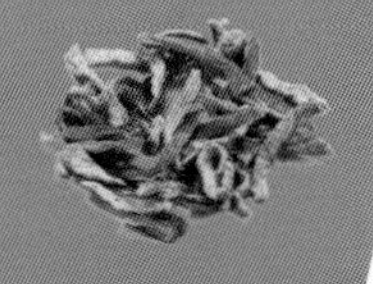

冬天煲制肉类为原料的汤时，放上几块陈皮，不仅味道好，还能起到缓解胃部不适、治疗咳嗽痰多的作用。中医认为陈皮味辛苦，性温，具有温胃散寒、理气健脾的功效，适合胃部胀满、消化不良、食欲不振、咳嗽痰多等症状的人食用。一般用量6 ~ 10克，刮去瓤即可。陈皮偏于温燥，有干咳无痰、口干舌燥等症状的阴虚体质者不宜多食。不可用鲜橘皮来代替陈皮。

煮鱼不宜早放姜

很多人做鱼时都是把姜和鱼同时下锅，认为这样入味，同时又能去腥。其实不然，因为提早放姜会使鱼体浸出液中的蛋白质阻碍生姜的去腥效果。最好的方法是，先把鱼在锅里煮一会儿，待蛋白质凝固后再放姜。

炖肉放点山楂

中医认为，山楂对消油腻、化肉积有很好的效果。炖肉时加入山楂，不仅可以使汤更鲜美，还能促进肉食消化，有助于胆固醇转化。特别适合高血压患者食用。

煲汤所用原料应事先烫煮

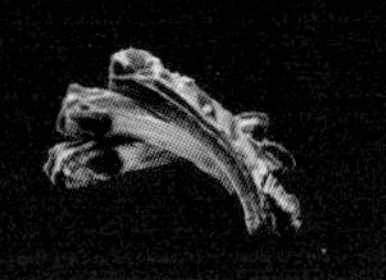

煲汤所用的原材料，如鸡、鸭、排骨等肉类，只有烫煮后才能去除腥味、异味及残留的血污。因此，在煲汤前先用沸水将食材焯一下，然后洗净，这样会使汤汁更澄清，味道更鲜美。

闻菜名识粤菜

粤菜菜名有一定之规，过去曾总结出嵌字、象形、借喻、铺衍等的取名方式。经过千百年的积淀，绝大多数已约定俗成，成为粤菜文化的重要组成部分。如今粤菜的菜名具有更多“乐美名为怡情”的传统，内涵上也更为繁复庞杂、富丽堂皇。

◆寓意“富贵美好”类的菜式

多见于“百花”“锦绣”“牡丹”“白玉”等用语。“百花”通常指花胶或虾胶，如“百花鱼肚”“江南百花鸡”“百花酿双菇”等。因有“百花锦绣”的熟语，“百花”有时也衍生为“锦绣”，如“锦绣玉荷包”“锦绣××羹”。“牡丹”即蟹黄，如“牡丹乳鸽脯”。“白玉”也叫“碧玉”，即是冬瓜或节瓜，如“白玉瑶柱脯”（瑶柱、元贝、虾肉酿节瓜环）、“碧玉绣球”（冬瓜鱼肉丸）。

◆寓意“鸿运吉祥”类的菜式

多见于“彩云”“玉树”“金钱”“瑞气”“龙凤”等用语，分别指的是火腿、芥蓝、北菇、甲鱼、虾鳝和鸡鸟，代表菜式如“彩云飞凤”（云腿炒鸽片）、“玉树金钱”（芥蓝扒北菇）、“瑞气吉祥”（甲鱼或鳖鱼寿命较长故称“吉祥”）、“龙凤羹”（鲜虾仁、鸡肉等做的汤羹）、“鸿运照福星”（八珍鱼肚羹）、“大展宏图”（蟹黄炒桂花鱼翅）、“生意兴隆”（瑶柱扒鲜菇）、“祝君如意”（瑶柱、竹荪、蟹肉、蛋白、露笋等的集锦）等。

◆寓意“事顺家旺”类的菜式

多如“一帆风顺”（原指烹焗鲜蟹，以蟹盖喻风帆）、“状元及第煲”（元贝、虾仁、生肠、水发蹄筋等，取元、蹄（第）之音和龙、发之意）、“锦绣红鸾”（虾胶蒸酿鸭，夜香花铺面）、“岁晚大团圆”（露笋、鲜菇、白菌、肉丸、豆腐、粉丝等，中间放车厘子）。

◆其他菜式

粤菜材料的选择和组合十分广泛，变化无穷，但主料与菜名之间往往会有某种对应关系。常见的如玫瑰（玫瑰露酒）、如意（黄耳、银耳、云耳等的谐称，另又指含火腿和水发菇菌的菜式）、翡翠（青绿的蔬菜）、五彩（五色配料，如叉烧丝、香菇丝、熟姜丝、笋丝、韭黄）、琵琶（形状如琵琶，多称于鱼翅和三鸟）、芙蓉（蛋白或指芙蓉花状的菜）、香雪（白雪耳）、玉簪（云腿丝）等等。

食粤菜有讲究

粤菜在中国八大菜系中独占一支，以入菜的原料广博、烹饪方法的讲究而闻名中外。在汇聚八方美食的今天，粤菜是较早进军外地并流行起来的菜系，以菜肴品种丰富、菜品更新换代迅速、口味常吃常新而博得南人北人的广泛接受。

用餐的讲究

粤菜无论是海河鲜还是普通炒菜，都注重原料的新鲜、多样，善用烧、煲、炒、炸、清蒸、白灼等多种工艺，以期最大限度地挖掘原料的最引人之处。上菜时先吃头盘，如烤乳猪、卤水拼盘等；然后上的热菜就是各种精致小炒、炖汤、主菜等，席间必有一条鱼做主菜；最后还要上一道素菜；然后才是甜品水果和各种小吃。

吃粤菜最讲究的是搭配，服务生会不厌其烦地帮你换盘子和杯子，比如说吃烤乳猪时要配红酒，吃后饮普洱茶去肥减脂；吃烧羊腿时要配威士忌，这样在脑海中就会浮现出一幅野外吃羊腿及麦穗随风飘扬的田园景象。吃煲鱼翅时要配上冰镇的中国白酒……还有就是很多菜还需佐料，吃虾和乳鸽时，服务生要更换洗手盅等等。

吃点心的讲究

广州点心又称为广式点心，是以岭南小吃为基础，广泛吸取全国各地，包括六

大古都的宫廷面点和西式糕饼技艺发展而成。品种有一千多款，为全国之冠。其特点是用料讲究精博，品种繁多，款式新颖，口味清新多样，制作精细，咸甜兼备，能适应四季节令和各方人士的需要。各款点心都讲究色泽和谐，造型各异，相映成趣，令人百食不厌。

点心的品种、款式和风味丰富多彩。

广东的点心皮有四大类23种，馅有三大类46种。点心师们凭着高超的技艺，给这些不同的皮、馅千变万化的组合和造型，制成各种各样的花式美点。在各类点心中的代表品种有虾饺、干蒸烧卖，娥姐粉果、马蹄糕、叉烧包、糯米鸡等；饼食中以粤式中秋月饼最为有名，此外还有老婆饼、鸡仔饼、杏仁饼等。

食鱼的讲究

食鱼讲究一个鲜字，但鲜度如何，却是有层次之分的。死了不久的鱼，其鳃尚红，于中原一带的人而言，已认为是鲜的了，但对于广州人来说，只有活蹦乱跳的鱼才叫鲜。而最讲究鱼之鲜者，要算顺德人，他们认为鱼被捉的时间长了，尽管游泳不已，仍属不鲜，把这类鱼叫做“失魂鱼”。他们要吃那种即捕即杀即蒸的鱼，因为它尚有魂在，并未魂飞魄散。魂也有鲜味的。

辨别鲜与不鲜，听舌头的。舌头辨别力是锻炼出来的，就像陆羽能辨出烹茶之水是江水上游抑或中游一样。顺德人辨鱼的鲜度那种敏感，是真实有据的。18世纪法国有位思想家叫布赖特·萨夫林，说古罗马的美食者能“通过香味断定出鱼是产于城里的桥下还是产于河流的下游”，顺德人与罗马人一样，是分别代表东西方的顶尖食鱼家。

食鲍的讲究

鲍鱼可分为几类：日本网鲍、窝麻鲍、吉品鲍、南非鲍、中东鲍等。其中，网鲍外形椭圆、鲍边细小，外形美观；吉品鲍体形比网鲍细，质地也较硬，色泽灰淡，但也不失为名贵食品。

品尝鲍鱼，首重稔软适度。太稔如同食豆腐，且无法发挥出鲍鱼的真味，反之太硬如同吃橡筋，咀嚼费力而无法体会鲍鱼之美味。是以最好能稔软适中，嚼来稍有弹牙之感。更要有鱼味，色泽金黄，入口软滑。食鲍鱼，在宴会上讲究仪态，故用刀叉切小片入口较为方便，事实上有些食家认为刀叉之铁器味儿会破坏鲍鱼的原味，故应用筷子。如鲍鱼太大用筷子刺着中央部位入口咬就可以了。

吃鲍鱼应该“打长切”，顺应鲍鱼纤维。从鲍鱼边皮吃至中心，回味无穷。冬天吃鲍鱼要味浓，加鹅掌花胶使之稍有腻口为佳，夏天则宜加蔬菜辽参，有爽口之效。

第二章

非吃不可的经典粤菜

俗话说，“食在广州”是指粤菜精致美味，堪称天下一大享受。粤菜选料广博奇杂，菜肴讲究鲜、爽、嫩、滑，口味清淡，力求“清中求鲜、淡中求美”。白切、盐焗、清蒸、白灼、吊烧等特殊风味各有特色，绝妙天下，雅俗共赏，食后让人回味悠长。本章为您介绍滋味清鲜、变化无穷、非吃不可的经典粤菜。

白切鸡

皮爽肉滑·清淡鲜美

原料：嫩子鸡1只

调料：葱、姜、植物油、盐、香菜各适量

做法

1. 嫩子鸡宰杀煺毛，去内脏，洗净，备用。
2. 将鸡在滚开汤锅内浸烫15分钟使鸡熟，取出晾凉后切成块，装在盘中。
3. 葱、姜切成末；分别装在两个小碗中，碗内再加少许的盐与葱、姜放一起调味，制出一个味碟；另外的葱、姜里加少许香菜制一个味碟。
4. 炒勺内倒入植物油，在旺火上烧开，浇在两味碟上，作成两个蘸料。切好的鸡和蘸料一起上桌。

白切鸡的来历

从前有一个读书人，早年苦读寒窗觅得一官半职，却终因受不得官场黑暗，弃官务农。他乐善好施、性格豪爽，又有文化，深得村民拥戴。农夫生活清贫，年过半百，膝下无儿。这年中秋又到，他和妻子商量了一下，决定杀只母鸡，一来祈天保佑早生贵子，二来打打牙祭。妻子刚将母鸡剥洗干净端进厨房，忽然窗外有人呼号哭喊。原来是小孩贪玩灯笼酿火灾，一些村民的家财眼看要化作灰烬。农夫二话没说，拎起一个水桶就冲了出去，他的妻子也跟着去救火。

在村民的共同努力下，火势很快得到了控制，并最终被扑灭。农夫回家时灶火已熄，锅中水微温。原来妻子走得匆忙，只在灶中添柴，忘放佐料和盖上锅盖。而锅中母鸡竟被热水烫熟了！于是，白切来吃。白切鸡做法是水开时开盖浇淋鸡体至刚熟，不加佐料。数百年来白切鸡推陈出新，历久不衰。广东称“无鸡不成宴”，主要便指白切鸡。

太爷鸡

光滑油润·皮香肉嫩

原料：童子鸡1只

调料：高汤15毫升，茶叶100克，红糖50克，花生油50克，味精、香油各适量

做法

1. 将童子鸡宰杀，煺毛，去内脏，洗净，放入微沸的卤水盆中，用微火浸煮。
2. 浸煮时用铁钩将鸡每5分钟提出一次，倒出鸡腔内卤水，以保持鸡腔内外温度一致，约煮15分钟至熟，用碟子将鸡盛起。
3. 用中火烧热炒锅，下花生油烧至微沸，下茶叶炒至有香味，然后均匀地撒入红糖，边撒边炒茶叶。
4. 待炒至冒烟时，迅速将竹箅子放入（距离茶叶约7厘米），并马上将鸡放在竹箅子上，加锅盖端离火口，熏5分钟后把鸡盛起。
5. 将煮过鸡的卤水75毫升、高汤15毫升、味精、香油调成料汁。
6. 把鸡切块，淋上料汁便成。

制作点睛：

在浸的过程中，要把鸡提起倒出鸡腔内的汁，再把滚汁灌入鸡腔，灌满后倒出再灌。反复数次，使内外均匀受热。将盖盖严，使上色均匀，烟香味十足。封好后，将坛置于阴凉干燥处，1周后即可食用。

太爷鸡的来历

“太爷鸡”由周桂生创制，周系江苏人，清末曾任广东新会县知县。1911年，辛亥革命推翻了清王朝，也结束了他的官吏生涯，他举家迁到广州百灵路定居，后因生活困迫，便在街边设档口，专营熟肉制品。他凭当官时食遍吴粤名肴之经验，巧妙兼取江苏的熏法和广东的卤法之长，制成了既有江苏特色又有广东风味的鸡菜，当时称之为广东意鸡，后来人们知道制鸡者原是一位县太爷，因而称之为“太爷鸡”响遍羊城。

咸香味
受大众欢迎度 ★★★★☆

白云猪手

酸中带甜 · 肥而不腻

原料：猪前后脚各 1 只

调料：白醋 1500 克，白糖 500 克，盐 45 克

做法

1. 将猪脚去净毛甲，洗净，用沸水煮约 30 分钟，改用清水冲漂约 1 小时，剖开切成块，洗净，另换沸水煮约 20 分钟，取出，又用清水冲漂约 1 小时，然后再换沸水煮 20 分钟至六成软烂，取出，晾凉，装盘。
2. 将白醋煮沸，加白糖、盐，煮至溶解，滤清，凉后倒入盆里，将猪脚块浸 6 小时，随食随取即可。

制作点睛：

1. 猪脚要先煮后斩件，以保持形状完整。煮后一定要冲透，并洗净油腻。

2. 煮猪脚的时间不要过长或过短，长了猪皮的原蛋白溶于水中过多，皮质不爽口，时间过短，其皮老韧。

酸甜味

受大众欢迎度 ★★★★☆

白云猪手的来历

相传古时候，白云山有座寺庙，寺庙后有一股清泉，那泉水甘甜，长流不息。寺庙有个小和尚，调皮又馋嘴，从小喜欢吃猪肉。出家后，他先打杂为和尚煮饭。有一天，他趁师父外出，偷偷到集市买了些最便宜的猪手，正准备下锅煮食。突然，师父回来，小和尚慌忙将猪手扔到寺庙后的清泉坑里。过了几天，总算盼到师父又外出了，他赶紧到山泉将那些猪手捞上来，却发现一个奇怪的现象，这些猪手不但没有腐臭，而且更白净。小和尚将猪手放在锅里，再添些糖和白醋一起煲。熟后拿来一尝，这些猪手不肥不腻，又爽又甜，美味可口。小和尚又惊又喜，此后他不但自己开了荤，引得其他和尚也破了斋戒。后来，白云猪手传到民间，人们如法炮制。

白云猪手制作较精细，将原来烹制的土方法，改为烧刮、斩小、水煮、泡浸、腌渍等五道工序。最考究的白云猪手是用白云山九龙泉水浸泡的。

蜜汁叉烧肉

软嫩多汁 · 香味四溢

原料：梅肉 1000 克

调料：糖 250 克，盐 50 克，高粱酒 100 克，红葱头 50 克，陈皮 25 克，酱油 50 克，甜面酱 50 克，鸡蛋 1 个，麦芽糖 120 克，食用色素黄色 5 号适量

做法

1. 梅肉切成大片条状。将糖、盐、红葱头、陈皮、高粱酒、酱油、甜面酱拌匀，腌渍时拌入 1 个鸡蛋及已调好的色素，拌匀，在室温下腌 40 分钟。
2. 腌好的梅肉以叉子串起，进炉烤以 270℃的温度烤 20 分钟。
3. 把麦芽糖先溶成蜜汁。待肉烤至表面着色，边缘焦掉时取出，淋上蜜汁。
4. 再次放进烤炉，烤至表面干亮，最后再淋上蜜汁，等蜜汁稍干即可。

叉烧肉的来历

叉烧肉在以前是插烧，叉是象形字，烧是形声字，久而久之，成为了一道菜名——叉烧。“叉烧”是从“插烧”发展而来的。插烧是将猪的里脊肉加插在烤全猪腹内，经烧烤而成。因为一只烤全猪最鲜美处是里脊肉，但一只猪只有两块里脊，难于满足食家需要，于是人们便想出插烧之法。但这也只能插几条，更多一点就烧不成了。后来，又改为将数条里脊肉串起来叉着来烧，久而久之插烧之名便被叉烧所替代。

蚝皇凤爪

风味独特 · 鲜香味醇

原料：鸡爪 300 克

调料：蚝油 50 克，葱块、陈皮、老抽、鸡精、食用油、姜块、大茴香、花椒粉、白糖、料酒、麻油、胡椒粉、清汤、水淀粉各适量

做法

1. 将鸡爪剥去外层老皮，斩掉趾尖，用老抽拌匀晾干。
2. 坐锅点火放食用油，油热后放入鸡爪炸至大红色捞出，用清水泡 1 ~ 2 小时，控干水分备用。
3. 将炸好的鸡爪加入葱块、姜块、老抽、大茴香、陈皮、花椒粉，用旺火蒸 20 分钟。
4. 坐锅点火放食用油，油热后放入鸡爪、料酒、清汤、鸡精、白糖、蚝油、蒸鸡爪的原汁、胡椒粉焖 2 ~ 3 分钟，用水淀粉勾芡，加麻油炒匀即可。

咸鲜味

受大众欢迎度 ★★★★★

白灼虾

虾肉鲜嫩 · 美味可口

原料：基围虾 500 克

调料：红辣椒丝 25 克，生抽、芝麻油、姜末、葱丝、花生油各适量

食物相克

白灼虾等虾类菜肴忌与含有鞣酸的水果，如葡萄、石榴、山楂、柿子等同食。鞣酸和钙离子结合形成不溶性结合物刺激肠胃，引起人体不适，出现呕吐、头晕、恶心和腹痛腹泻等症状。

做法

1. 将鲜虾洗净，红辣椒丝放在味碟上。
2. 用旺火热花生油，浇在红辣椒丝上，再加入生抽、芝麻油、葱丝、姜末拌匀。
3. 用旺火把清水烧开，下入鲜虾焯至熟捞起，控去水分上盘，跟配好的味碟上桌即可。

制作点睛：

白灼，是将物料投入沸汤或沸水中烹熟。没有汁，也不加盐，主要是保持物料的原味。灼的时间一定要短，火候一定要猛，而且物料一定要新鲜。

金牌烧鹅

滋味醇厚 · 肥而不腻

原料：仔鹅 1 只

调料：姜末、蒜蓉、葱末、盐、白糖、料酒、生抽、芝麻酱、鸡精、五香粉、陈皮粉、 高汤、麦芽糖、白醋、大红浙醋、曲酒各适量，酸梅酱味碟 4 个

做法

1. 仔鹅宰杀后治净，从肛门处开口掏出内脏，斩去鹅掌及翅尖，用清水将鹅的腹腔冲洗干净。
2. 用姜末、蒜蓉、葱末、盐、白糖、料酒、生抽、芝麻酱、鸡精、五香粉、陈皮粉加适量高汤调匀，制成味汁；另将麦芽糖、白醋、大红浙醋、曲酒按 1 ：13 ：1 ：1 调匀，制成脆皮水。
3. 将味汁从肛门开口处灌入鹅的腹腔，再用烧鹅针将开口缝住，使味汁不致漏出。
4. 将鹅头部向上，接着把气枪的气嘴从鹅颈杀口处伸入颈腔，再用左手将颈部和气嘴一起握住，然后右手按压气枪，将空气慢慢打入鹅体皮下脂肪与结缔组织之间，使之胀满。
5. 取出气嘴，用手将鹅的颈部握住，随后把鹅体放入沸水锅中烫约半分钟，再用冷水浇淋鹅的表皮，使之降温稍凉，然后把脆皮水均匀地刷在鹅的表皮上，完成后即把鹅挂在阴凉通风处晾干。
6. 将晾干的鹅挂入烤炉中，用果木木炭烧中火慢烤，烤至鹅肉熟透时，改用大火将鹅的表皮烤至酥脆，取出，先倒出鹅腹内的卤汁，将鹅斩件装盘，再淋上卤汁，随酸梅酱味碟上桌蘸食即可。

卤香味

受大众欢迎度 ★★★★★

客家酿豆腐

鲜嫩香滑 · 营养丰富

原料：客家卤水豆腐500克，猪肉200克，干香菇5个

调料：盐、胡椒粉、酱油、香菜、高汤各适量

做法

1. 把猪肉、香菇剁馅料，加入适量的盐、酱油、胡椒粉调和。
2. 把豆腐对半切开。再用筷子直接将肉馅灌进豆腐里。
3. 豆腐一一酿在碟中后，准备煎豆腐。油锅要热、油要多，直接把整碟豆腐顺着倒入锅中。撒入适量的盐，用微火煎。
4. 豆腐小火煎至一面金黄，把豆腐铲入砂锅中，加入高汤、适量胡椒粉，如果有红曲也可以加入少量，微火慢炖熟透，加入香菜即可起锅食用。

酿豆腐的来历

传说一：传说酿豆腐源于北方的饺子，因岭南少产麦，思乡的中原客家移民便以豆腐替代面粉，将肉塞入豆腐中，犹如面粉裹着肉馅。因其味道鲜美，久而久之便成了客家名菜。

传说二：相传很久以前，一个五华人和一个兴宁人是结拜的好兄弟，在一次点菜的时候出现了矛盾，一个要吃猪肉，一个要吃豆腐。后来，聪明的饭店老板想出了一个两全其美的办法，制作出了酿豆腐。表现了客家人的智慧和深厚的客家饮食文化。

制作点睛：

豆腐不可选择太老或者太嫩的。豆腐中的洞不要挖得太大，否则容易撑破豆腐。先煎豆腐底部，以免肉馅掉出豆腐中。

客家三杯鸭

色泽枣红·浓郁香酥

原料：麻鸭1只

调料：客家米酒、生抽、清水各120毫升，冰糖、油、生姜、大葱各适量

制作点睛：

正宗客家做法是不用大料及香料的，选用的是老麻鸭，肉质比较紧实，不会太肥腻，加入的是好的生抽和自酿的客家米酒，还有一个烹饪要点就是提着鸭子在放了少许油的热锅上来回摩擦。

做法

❶ 把麻鸭处理干净；把生姜洗净，切丝；大葱洗净切段。

❷ 热锅下适量油烧至七成热，提着鸭子在热锅上来回摩擦把鸭子表面卤至金黄。

❸ 然后将客家米酒、生抽、清水倒入锅中，加入冰糖和姜丝，大火烧开后盖上盖子转中火煮20分钟，中途要把汁往鸭表面淋，使之味色均匀。

❹ 加入大葱，把鸭翻面小火再煮25分钟。煮好后大约还有半碗汁，把鸭斩件，把汁淋在表面即可。

芙蓉煎滑蛋

造型美观 · 鲜嫩醇香

原料：鸡蛋4个，叉烧肉60克，水发香菇10克，玉兰片30克

调料：食用油、香油、胡椒粉、湿淀粉、盐、味精、高汤、葱、姜各适量

制作点睛：

煎蛋，锅一定要热才能放油，放油后把油调成中火，才不会让鸡蛋因为温度太高而煎得过老而干硬。

做法

1. 把鸡蛋打入碗内，用筷子搅打，加入胡椒粉、盐、味精，搅拌均匀。
2. 将叉烧肉、水发香菇、玉兰片、葱、姜等均切成丝，放入鸡蛋碗内，再搅匀待用。
3. 炒锅上火，倒入食用油，烧至七八成热，把鸡蛋倒入，用文火煎至两面呈金黄色，至熟。
4. 在鸡蛋上烹上适量高汤，用调稀的湿淀粉勾芡，滴入香油即成。

麒麟鲈鱼

口感饱满 · 回味悠长

原料：鲈鱼1条，火腿200克，菜心9棵，红辣椒丝

调料：盐、酒、香油、鱼露、胡椒粉、味精、姜片、葱各适量

制作点睛：

蒸鱼料中的鱼露很咸，所以不可再加盐或酱油调味，为了使鱼肉鲜嫩，不必先腌，直接加料蒸即可。

做法

❶ 鲈鱼洗净，先将鱼头切下并剖开，鱼身去除大骨，取下鱼肉，再将鱼肉横片成厚片状。

❷ 火腿切成薄片。

❸ 每片鱼肉中间夹入一片火腿，再将调味料调匀，淋在鱼肉上，铺2根葱、2片姜，入锅以中火蒸10分钟。

❹ 菜心洗净，焯水备用。

❺ 待鱼蒸熟取出，先拣除葱段、姜片，再放入焯好的菜心、红辣椒丝装盘即可。

猪肚包鸡

猪肚爽口 · 鸡肉鲜嫩

原料：猪肚1个，家鸡1只，去皮马蹄10个

调料：胡椒颗粒5克、党参10克、玉竹15克、红枣10颗、北芪5克，香芹、枸杞、盐、葱段、姜、白醋各适量

菜品特色

猪肚包鸡适合中气不足、食欲不振、消化不良、虚寒、胃痛、酒毒伤胃等群体食用，具有行气、健脾、暖胃、养胃、散寒、止胃痛和排毒的功效。

做法

1. 把猪肚放在冷水中浸泡20分钟，除去杂质，然后用粗盐加面粉涂抹猪肚，反复揉搓；再用白醋揉搓去异味；最后，将猪肚放进开水锅中煮片刻捞起，用刀刮掉残留的白色肥油。
2. 将处理好的家鸡斩件，加少许盐腌渍20分钟左右；香芹洗净，切段。
3. 将所有准备好的食材塞入猪肚内，将猪肚放入砂锅，加水，大火烧开，加马蹄，转小火煲2个小时。
4. 将煲好的猪肚捞起，斩成条状，再放入砂锅滚10分钟，撒上枸杞、香芹，再加入盐调味即可。

受大众欢迎度 ★★★★★

咸鲜味

双皮奶

香滑润口 · 唇齿留香

原料：全脂鲜奶500毫升，鸡蛋3个

调料：白砂糖适量

做法

1. 将全脂鲜奶倒入宽口的碗中，放入沸水蒸锅，蒸5分钟后关火。
2. 静置5分钟后，牛奶上便会形成一层厚厚的奶皮。
3. 从碗边小心地将牛奶缓缓倒进另一只碗中，碗底留少许牛奶，以防奶皮粘在碗底。
4. 将蛋清倒入碗中，加入适量的白砂糖，用筷子将蛋清打散。将打散的蛋清倒入牛奶，朝一个方向搅匀后，用滤网将牛奶蛋清液过滤。
5. 沿着碗边将蛋奶液慢慢倒入碗中，待奶皮完全浮起盖上保鲜膜，放入蒸锅，开中大火，水开后蒸12分钟后关火，焖5分钟即可。

甜香味

受大众欢迎度 ★★★★☆

制作点睛：

要选择使用全脂的纯牛奶来制作双皮奶。将牛奶倒入碗中，放入蒸锅蒸制5分钟，比煮更容易结出奶皮。结出奶皮后将牛奶倒出时，碗底一定要留有一部分牛奶，防止奶皮粘在碗底，无法浮起。

第三章

海鲜水产类

海鲜不仅肉质细嫩、滋味鲜美，而且营养丰富，具有滋补身体，食疗养护之功效，备受人们推崇和喜爱。而广东人食海鲜讲求新鲜、天然、奇特、丰富，清淡鲜活、原汁原味，其中最简单的白灼和清蒸就是最大限度地保留了食材原汁原味的肉感和清香，鲜嫩至极。

海鲜的烹饪方法

海鲜，因所选择的原料新鲜，且讲究口味清淡，注重营养，用了涮、蒸、炸、煎、汆、烧、炖等多种烹调技法成菜，故成菜具有鲜香脆嫩、味美可口、风味别致的特点。

初加工，有讲究

烹制海鲜菜，在选料后要先进行初加工。初加工方法正确与否，最终将影响到海鲜的成菜质量。如烹制“清蒸对虾”“椒盐对虾”“干烧对虾”等菜肴时，要求虾体完整，形状美观。初加工时，应先剪去虾枪及虾眼的前半部分，再去掉前脚须和尾刺。又如烹制造型工艺菜“金鱼大虾”“灯笼大虾”时，应先去掉虾头，剥去外壳，再除净脚须和尾刺，留虾尾及相连的最末一节虾壳，最后还要从背部划一刀，除净沙肠。

新鲜程度不同，烹调方法有异

用新鲜的海鲜原料烹制菜肴，菜品鲜味浓、腥味少。反之则腥味浓，鲜味少。实际上，每天海鲜的新鲜程度都不会完全一致，所以需要根据具体情况选择不同的烹调方法。如新鲜的黄花鱼，可采用清蒸、汆汤、清炖、油浸的方法成菜，稍次一些的可采用清烧、红烧的方法成菜；再不新鲜的则可用酱烧、干炸的方法成菜。

合理用料，精于调味

海鲜多腥味。为了保证海鲜菜成菜鲜美可口，烹制时一定要将腥味除去。除去海鲜菜腥味，一般多用鲜姜泥加温开水浸泡成的姜汁加适量的食醋来调和。用这两种调味品不仅能对海鲜去腥提鲜，解去油腻，而且还有开胃散寒、增进食欲、促进消化的功效。烹制海鲜菜，用葱姜蒜爆锅，胡椒粉、料酒、醋调味，在投料时间上也有讲究：有的是先用胡椒粉、料酒和醋腌渍后烹调；有的是在爆炒过程中烹入，也有的是将原料制熟后，再用味碟蘸食。但一般以清淡爽口、原汁原味为特有风味。

火候是关键

由于许多海鲜原料质地要么细嫩，要么脆爽，故在烹制时一定要掌握好火候。否则一旦火候过老，原料就会老韧嚼不烂；而如果火候过嫩，原料又未熟，口感不好，甚至吃后还会引起疾病。所以，烹制海鲜菜应当因料去掌握好火候。如涮白蛤、涮毛蚶，需先用八成沸的烫水略煮捞出，再用沸水冲烫至熟；蒸制海鱼类原料，因其肉质细嫩，上笼蒸制时间以 6 ~ 7 分钟为佳，若蒸制时间过长，便会影响海鲜的质量。

总之，由于海鲜品种繁多，其营养成分不尽相同，大多数高蛋白质、低脂肪，且含多种维生素、无机盐，具有较高的营养价值。烹饪时要注意掌握海鲜的品质特点，选料严谨、制作精细、调和清鲜。

吃海鲜有技巧

海鲜营养丰富，而且还不容易吃胖，所以很受大家欢迎，除了挑选海鲜要注意之外，吃海鲜也有几点要注意的，这样吃才会更加卫生、安全。

清洗干净海鲜很重要

清洗海鲜是十分重要的环节，海鲜买回来后要放在盆里用清水浸泡，在水里加一点盐，这样可以使海鲜慢慢将体内污物吐出来，反复多换几次水，直到水清澈为止。一般买回来的海鲜最好泡上一天再食用。

海鲜要煮透才能食用

在做海鲜餐的时候不能只图鲜嫩，开锅就往外捞，一般开锅后 15 分钟，才能将海鲜中的细菌彻底杀死，海鲜要煮透了吃，才不容易引起肠胃问题。

烹饪海鲜要加入姜、生蒜、醋等佐料

海鲜都属于寒凉阴性类食品，所以在烹饪的时候要加入姜、醋等佐料来中和海鲜的寒性，以防身体不适。且姜、生蒜、醋有着很好的杀菌作用，可以杀除海鲜中残留的有害细菌。

生吃海鲜要杀菌消毒

生吃海鲜虽然口感鲜嫩，但一定要杀菌消毒。吃海鲜时常见的一些配料可以起到杀菌消毒的作用，例如蒜末、柠檬汁、芥末等，这些都有消毒杀菌的作用。

生吃海鲜要保证新鲜和卫生

能生吃的海鲜一定要保证新鲜和卫生，不新鲜的海鲜吃起来口感会很差，同时带病菌和病毒。海鲜的加工过程也要卫生，这样可以避免一些由于细菌引起的肠胃不适症。

生吃海鲜要配高度酒

边吃海鲜边喝啤酒可能是很多人的习惯吃法，但是这个吃法会影响身体健康。正确的做法是，生吃海鲜要配高度酒，这样才可以起到杀菌消毒的作用。

大连鲍燕麦

鲜嫩美味 · 营养丰富

原料：活大连鲍 1 只，燕麦 100 克，西芹 50 克

调料：盐、香油、味精、米酒、生抽、花生油各适量

健康食疗

燕麦里含有能抑制胆固醇升高的亚油酸。鲍鱼营养价值高，油脂含量少，搭配燕麦食用，可以保通血脉、调理肠道、消除肠热与便秘等症状，同时具有瘦身、增加体力的作用。

做法

1. 将鲍鱼洗刷干净，宰杀，去内脏；将鲍鱼用适量盐、味精、米酒、生抽、花生油调味拌匀，放冰箱冰镇 5 ~ 8 分钟取出；将燕麦洗干净；西芹择洗干净，切小丁。
2. 锅中倒入适量清水，放入燕麦煮开后，以小火煮至软烂，加入西芹丁煮至断生，加盐调味，再淋上香油，装盘备用。
3. 另取一锅入水烧开，将鲍鱼放入锅内沸汤中煮至断生（约 20 秒钟）捞出，摆在燕麦上即可。

木瓜西红柿焖鲜鲍

汤汁清爽 · 味道鲜美

原料：鲜鲍鱼 2 只，木瓜、西红柿各 100 克

调料：姜、白酒、食用油各适量

制作点睛：

要等鲍鱼水分炒干后再加入白酒，这样鲍鱼才没异味。西红柿要比平常多煮会儿，有汤汁味道更好。

做法

1. 将鲍鱼洗刷干净，宰杀，去内脏。姜洗净切片。木瓜去皮去籽洗净，切滚刀块。西红柿洗净用开水烫焯一下去皮切块。
2. 起锅入食用油，油微热后放入姜和鲍鱼翻炒至水分收干加入白酒。再次翻炒片刻后加入一两碗清水盖上锅盖烧开。
3. 10 多分钟后水将干又未干时放入木瓜和西红柿调味再煮两三分钟即可。

清蒸多宝鱼

鱼肉鲜嫩·口味清淡

原料：多宝鱼 1 条

调料：盐、料酒、蒸鱼豉油、植物油、红辣椒、葱、姜各适量

做法

❶ 将鱼去除内脏和鱼鳃，反复用清水冲洗直至彻底干净，不留血水。

❷ 用刀在鱼身上斜切 3 个花刀，用盐和料酒将鱼身及鱼腹内抹遍，腌渍 10 分钟。

❸ 蒸锅中放入适量水烧开，将适量姜片、葱段放在鱼身上，将鱼放入蒸锅，大火蒸 7 ~ 8 分钟。

❹ 将葱、红辣椒和姜切细丝，切好的葱丝放入凉水中浸泡片刻，洗去黏液，浸泡冲洗后的葱丝会自然卷翘。

❺ 鱼蒸好以后，扔去姜葱，倒掉蒸鱼时渗出的水。将切好的葱丝、姜丝和红辣椒丝均匀摆在鱼身上。

❻ 锅热入植物油，八成热时关火，将油浇在葱丝上。趁烧油的锅还有余温，将蒸鱼豉油倒入，再加入少量的水。

❼ 最后，将烧热的豉油水顺着蒸鱼鱼盘的边缘倒进去即可。

咸鲜味

受大众欢迎度 ★★★★★

香酥带鱼

酥脆诱人 · 鲜香可口

原料：带鱼 150 克

调料：油、盐、料酒、姜丝、胡椒粉、蚝油、淀粉各适量

制作点睛：

不要腌得太咸，会破坏鲜味。没有蚝油可以放点酱油，但是不能多放，否则成品颜色变深。

做法

❶ 带鱼去头去肚，洗净；切成适量长的段，在带鱼两面划上 2 ~ 3 刀。

❷ 加料酒、盐、姜丝、胡椒粉、蚝油，搅拌好，入冰箱 30 分钟至入味。

❸ 拍上淀粉，锅里油七成热，下带鱼中火炸，炸透至两面金黄时，捞出控干即可。

鲜香味

受大众欢迎度 ★★★☆☆

樱桃汁焗银鳕鱼

酥脆诱人 · 鲜香可口

原料：银鳕鱼 200 克，樱桃适量

调料：油、干葱头、蒜、姜、盐、味精、鸡汤、鸡精、白糖、湿淀粉、料酒各适量

做法

❶ 樱桃放入搅拌机内榨汁，加入鸡汤、盐小火调匀，用湿淀粉勾成芡汁。

❷ 银鳕鱼改成长 8 厘米、宽 6 厘米的大块，用樱桃汁、干葱头、蒜、姜、盐、味精、鸡精、白糖、料酒，腌渍 15 分钟。

❸ 锅下油烧到四成油温时下银鳕鱼肉，小火炸至色泽金黄（约 5 分钟）捞起装盘。

鲍什泰椒焗鱼头

鲜而不腥 · 嫩而不生

原料：鱼头 800 克

调料：食用油、盐、海鲜酱、叉烧酱、糖、味精、老抽、料酒、生粉、玫瑰酒、鲍汁、泰椒、香菜、姜、葱、干葱头、蒜各适量

做法

❶ 将鱼头洗净，改刀成小片形；将鱼头片加入海鲜酱、叉烧酱、糖、盐、味精、老抽、料酒、生粉拌匀待用。泰椒、姜洗净，切小片；香菜洗净，切段。

❷ 把煲仔烧热入油，放入葱、姜、干葱头、蒜爆出香味，再把鱼头倒入煲内，盖上锅，烧约 2 分钟翻一翻，以免粘锅底。

❸ 再将翻过的煲仔盖上锅，烧至熟，再加入鲍汁、玫瑰酒，撒上香菜、泰椒上桌即可。

受大众欢迎度 ★★★★☆

咸辣味

顺德鱼头

肉质嫩滑 · 香脆美味

原料：鱼头3个，洋葱适量

调料：红椒1个，葱、姜片、蚝油、米酒、盐、糖、花生油、味精、生粉、黄酒各适量

做法

1. 鱼头洗净，改刀成片待用。以适量盐、蚝油、米酒、糖、味精、生粉、姜片腌渍30分钟，取出放在漏勺内沥汁。
2. 红椒、洋葱洗净切片，葱切段。
3. 烧热炒锅，下油，油滚即放鱼头下锅煎，先煎鱼头内侧，煎至金黄色即翻身煎鱼头外侧。待外侧也煎成金黄色，撒上葱段、洋葱、红椒，烹黄酒，马上盖上锅盖焗1分钟即可。

厨房心得

选用水库大头鱼，刺少，肉多，特别鲜甜而无腥味。建议购买时选择鱼头肥大，而鱼身较小的。

腐皮黄鱼卷

色泽金黄 · 松脆可口

原料：油豆腐皮 150 克，大黄鱼 400 克，鸡蛋 2 个

调料：黄酒、盐、味精、干淀粉、椒盐、醋、番茄酱、食用油、葱末各适量

做法

❶ 黄鱼宰杀治净，净肉去皮，斜刀劈成长约 6 厘米、宽约 2 厘米的片，放入碗中。

❷ 鱼肉碗中磕入蛋清，加盐、味精、黄酒、干淀粉拌匀。

❸ 把油豆腐皮用湿毛巾润潮回软，撕去边筋，逐张摊平。

❹ 摊平的腐皮一端抹上蛋黄液，将鱼肉成长条形分别摆在每张腐皮的一端，逐一卷成宽约 3.5 厘米的长条，蛋黄液封口，用手略按，再斜切成 5 厘米长的菱形块段。

❺ 炒锅置旺火上，下食用油至三四成热时，把“鱼块”逐只投入油锅，不时翻动，炸至淡黄色时捞起。

❻ 待油温回升至五成热时，把鱼块全部入锅复炸至金黄色捞起，装盘。

❼ 再撒上葱末，配醋、番茄酱、椒盐各 1 小碟蘸食即可。

食物相克

黄鱼不能与荆芥同食；不宜与荞麦同食。鸡蛋与鹅肉同食损伤脾胃；鸡蛋与兔肉、柿子同食导致腹泻；鸡蛋不宜与甲鱼、鲤鱼、豆浆、茶同食。

制作点睛：

1. 鱼片要劈得厚薄均匀，调料拌渍要均匀入味。

2. 包卷时，排料要均匀，才能卷形大小相似，炸时成熟一致。卷条的封口要牢，以防炸时裂开。

3. 油温得当，分散投料，翻动及时，以防炸焦。

4. 起锅后不要多翻动，以防腐皮酥碎，影响成形美观。

健康食疗

黄鱼含有丰富的蛋白质、微量元素和维生素，对体质虚弱者和中老年人来说，食用黄鱼会收到很好的食疗效果；黄鱼含有丰富的微量元素硒，能清除人体代谢产生的自由基，能延缓衰老，并对各种癌症有防治功效。

潮式什鱼煲

色泽金黄 · 香气浓郁

原料：白鱼、剥皮鱼、红鱼各100克，洋葱半个

调料：食用油、盐、豆酱、胡椒粉、料酒、酱油、香菜、蒜各适量

厨房心得

潮式什鱼煲讲究的是原汁原味，配以潮汕地区的菜脯和普宁豆酱，味道特别，令人齿颊留香。

做法

1. 鱼去鳞去内脏洗净，用料酒、盐腌渍片刻。
2. 洋葱洗净切块；香菜洗净，切段；蒜去衣，拍扁。
3. 起锅入油，待油温至七成热时，把腌好的小鱼炸至两面金黄，捞出控油。
4. 油锅内留少许油，下蒜爆香，放入洋葱煸炒至洋葱断生，移至砂锅中，把炸好的鱼铺上。
5. 加入适量水、酱油、盐、豆酱和胡椒粉，大火烧开后转中小火煲到水略干剩一点汁，揭开砂煲盖，放进香菜段，盖好焖片刻即可。

丝瓜煮手工鱼丸

细嫩如腐 · 鲜美无腥

原料：鱼腩 500 克，丝瓜 1 根，蘑菇适量

调料：油、蒜、料酒、葱末、姜汁、盐、蛋清、鸡精各适量

厨房心得

水温的时候，就下入鱼丸，等鱼丸全部下锅了，再开大火一起煮开，这样可以避免水沸腾后依次下入鱼丸，鱼丸成熟的时间和程度不同，影响口感。

做法

❶ 鱼腩肉去刺，将鱼肉剁蓉之后放料酒、葱末、姜汁、盐、蛋清拌匀，将搅拌均匀的鱼蓉用挖果器挖成圆球。

❷ 刨皮的丝瓜切长条，蘑菇洗净，切成两半。

❸ 起锅入少许油，爆香蒜，加水烧热，然后放做好的鱼丸下去大火煮开，煮到六成熟。

❹ 放丝瓜条、蘑菇，煮开，加少许盐和鸡精调味，煮至丝瓜断青即可上汤碗。

咸鲜味

受大众欢迎度 ★★★★☆

干烧大明虾

色泽红润 · 肉质细嫩

原料：大明虾 200 克

调料：白醋、味精、江米酒、水淀粉、料酒、香油、盐、猪油、胡椒粉、白糖、葱花、红椒碎、姜末、蒜末各适量

健康食疗

明虾营养丰富，其肉质松软，易消化，对身体虚弱以及病后需要调养的人是极好的食物；虾肉还有补肾壮阳，通乳抗毒、养血固精、化瘀解毒、益气滋阳、通络止痛、开胃化痰等功效。

做法

1. 将明虾剪去足须，剪开头部额剑末端和脊背，挑出沙包和黑肠，用清水洗净。
2. 炒锅内放入熟猪油，烧至五六成热，放入明虾，炸到虾壳变红、渗出红油时，倒入碗内。
3. 锅里留少量底油，下入葱花、姜末、蒜末、红椒碎、江米酒，煸出香味，下明虾，再加料酒、白糖、盐、胡椒粉和适量水。
4. 旺火烧开，改用小火烧至汤汁转浓时，再改用旺火，放入味精，用水淀粉勾芡，颠翻几下，淋入白醋、香油即可。

鲜香味

受大众欢迎度 ★★★★☆

滑蛋炒虾仁

味道鲜美·肉质爽滑

原料：虾仁 200 克，鸡蛋 4 个

调料：食用油、盐、胡椒粉、料酒、淀粉各适量

制作点睛：

选用质嫩的动物性原料经过改刀切成丝、片、丁、条等形状，用蛋清、淀粉上浆，用温油滑散，倒入漏勺沥去余油，原锅的放葱、姜和辅料，倒入滑熟的主料速用兑好的清汁烹炒装盘。因初加热采用温油滑，故名滑炒。

做法

❶ 将虾仁去虾线洗净，倒入碗里，加入料酒、盐、胡椒粉、蛋清腌渍一会儿，再加入淀粉抓匀，使之上浆入味。

❷ 锅置火上，热锅热油，滑散虾仁，滑散开了立即捞出。

❸ 再热油锅，倒入蛋液，炒至蛋液凝固时，加入虾仁翻炒均匀，起锅装盘即可。

清蒸虾丸

色泽鲜亮 · 口味清淡

原料：鲜虾250克，玉米粒、小油菜、胡萝卜、蘑菇、虫草花各适量

调料：淀粉、料酒、盐、胡椒粉各适量

做法

1. 虾去壳，去虾线，剁碎，加入少许料酒、盐、胡椒粉，顺一个方向搅拌出黏性成虾糜。
2. 胡萝卜切圆片，摆入盘中。手上蘸少许油，把虾糜团成小团摆在胡萝卜片上，放上虫草花上锅蒸10分钟。
3. 起锅入水，烧开，加入少许盐，把玉米粒、小油菜、蘑菇分别焯水至熟，摆放在蒸好的虾丸周围。
4. 用蒸虾丸的汁加少许淀粉勾一薄芡，淋至虾丸上即可。

竹荪丝瓜煮虾丸

色彩丰富 · 味道鲜美

原料：竹荪10条，丝瓜1条，虾丸200克，虫草花适量

调料：食用油、蒜、盐、鲍汁、生粉、高汤各适量

做法

1. 将竹荪用水泡开，泡开后控干水分。虫草花用水泡发，洗净。丝瓜刨皮切段。
2. 锅中入食用油，用蒜爆锅，猛火爆丝瓜和竹荪，加入高汤和鲍汁，放虾丸和虫草花，煮至丝瓜变软。
3. 加入盐调味，用生粉勾薄芡出锅即可。

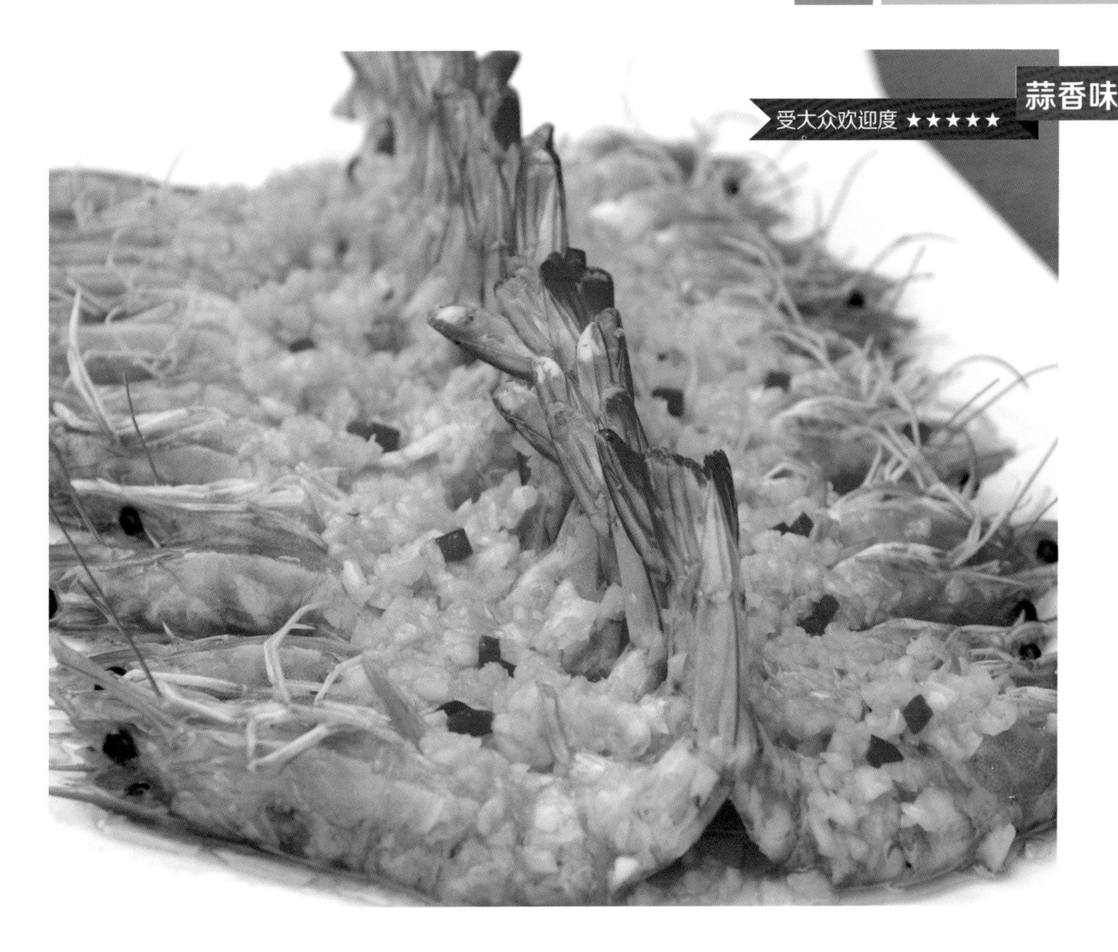

蒜蓉开边虾

蒜香浓郁 · 鲜嫩味美

原料：基围虾 500 克

调料：盐、酱油、料酒、蒜粒、食用油、红辣椒碎各适量

制作点睛：

蒜蓉一半炸香浇在生蒜上是做好蒜蓉虾的关键。

做法

❶ 基围虾去头、去虾线、去壳留尾，将虾从腹部剖开至中段；把蒜粒切碎，切得越细越好，做成蒜蓉备用。

❷ 锅烧热入油加盐烧至四成热，放入一半蒜蓉炸至微黄，将热油浇在另一半蒜蓉上，将两份蒜蓉放一起拌匀。

❸ 虾仁摆盘浇上拌好蒜蓉、红辣椒碎，浇上两茶勺料酒、一茶勺酱油，开锅放入锅内蒸 5 分钟即可。

豉油虾皇

浓香四溢·肉质香酥

原料：基围虾400克，炸香芋丝适量

调料：油、盐、姜、豉油、料酒、老抽各适量

厨房心得

做好这道菜的关键是豉油，一要看体态：豉油粘壁好，不混浊，摇动后泡沫不易散，二要观色泽：豉油呈红褐色，有光泽、不发黑；三要闻香味：豉油有浓郁的酱香或酯香，无焦糊味或其他难闻的气味；四要尝味道：豉油味道鲜美，咸甜适口，无苦、涩等异常味道。

做法

❶ 虾去头去虾线，洗净。用料酒、盐、豉油、老抽、姜腌渍10分钟去腥。

❷ 起锅入油，待油温七成热，下虾炸熟，炸香芋丝装盘垫底，把炸好的虾盖上即可。

五彩小炒皇

韭香浓郁·鲜美可口

原料：鲜鱿鱼、虾仁、猪肚各50克，红辣椒1个，韭菜花100克，莴笋半根

调料：姜、盐、食用油、蚝油、料酒、味精各适量

做法

❶ 鲜鱿鱼剖开去内脏和黑膜，洗净切条。猪肚洗净，切条。

❷ 韭菜花洗净，切段。莴笋去皮切条。红辣椒切丝。姜切片。

❸ 姜片、少量盐放入清水中烧开，韭菜花、莴笋、红辣椒、鲜鱿鱼、虾仁、肚条依次放入汆烫，并一一捞出控水。

❹ 食用油烧热，爆香姜片，放入肚条、虾仁、鱿鱼、莴笋条、韭菜花、红辣椒丝爆炒，用料酒、盐、蚝油、味精调味，出锅即可。

厨房心得

焯素菜时，等水开了再把素菜放进去汆烫20秒就可以了，不用再等水开。然后再把三样儿荤的焯一下。此菜炒制时间不宜长，放入锅中爆炒一下即可。

小瓜炒虾干

香气四溢·脆嫩可口

原料：虾干50克，小瓜200克，胡萝卜适量

调料：食用油、盐、虾酱、生抽各适量

做法

1. 虾干用清水浸泡至发软，洗净；小瓜洗净切条；胡萝卜洗净，切花刀。
2. 锅内入食用油烧热，倒入虾干煸炒一会儿，加入小瓜、胡萝卜快速翻炒，至断生。
3. 加入盐、生抽、虾酱调味即可。

咸香味

受大众欢迎度 ★★★☆☆

健康食疗

这道菜含有丰富的蛋白质、钙、磷等营养成分，对小儿、孕妇尤有补益功效。

咸鲜味

受大众欢迎度 ★★★★☆

铁板烧汁鱿鱼筒

汤汁红亮·咸鲜爽脆

原料：鲜鱿鱼3条

调料：酱油、味精、水淀粉、清酒、糖、红辣椒、青辣椒、葱各适量

做法

1. 先把鲜鱿鱼去内脏、去黑膜、去眼睛，洗干净，烧锅开水放进去汆熟。
2. 把汆熟的鱿鱼筒，均匀地切成圈，然后整齐地码在垫好锡纸烧热的铁板上。
3. 青红椒洗净，切碎，葱切丝。
4. 起锅，放适量油，爆香辣椒碎，烹一勺高汤，加入酱油、味精、清酒和糖，用勺子搅匀，水淀粉勾芡，然后浇淋在鱿鱼筒上，撒上葱丝即可。

健康食疗

鱿鱼中含有丰富的钙、磷、铁等营养元素，特别有利于骨骼发育和造血，可有效治疗贫血。此外，鱿鱼除富含蛋白质、氨基酸外，还含有大量的牛磺酸，这种元素可抑制血液中的胆固醇含量，具有缓解疲劳、恢复视力、改善肝脏功能等食疗效果。

荷兰豆炒双鱿

鲜香味美·口感爽脆

原料：鲜鱿鱼150克，干鱿鱼、荷兰豆各适量

调料：食用油、盐、胡椒粉、料酒、生抽、辣椒油、红椒、姜片、葱段各适量

厨房心得

优质鱿鱼体形完整坚实，呈粉红色，有光泽，体表面略现白霜，肉肥厚，半透明，背部不红；劣质鱿鱼体形瘦小残缺，颜色赤黄略带黑，无光泽，表面白霜过厚，背部呈黑红色或霉红色。

做法

1. 干鱿鱼泡软洗净，去除内膜，切条；鲜鱿鱼处理干净，打上花刀；荷兰豆去老筋、洗净；红椒洗净，切丝。
2. 将两种鱿鱼分别放入沸水锅中稍烫后捞出，沥干水分。
3. 油锅烧热，入姜片、葱段爆香后捞出，放入鱿鱼快速翻炒。
4. 加入荷兰豆、红椒同炒片刻，调入盐、胡椒粉、料酒、生抽、辣椒油炒匀，起锅盛入盘中即可。

萝卜丝煮双鱿

清新素雅 · 汤汁鲜美

原料：鲜鱿鱼200克，干鱿鱼100克，白萝卜1个

调料：香芹、油、姜、白胡椒粉、盐、蚝油、香油、味精、料酒各适量

健康食疗

白萝卜含有丰富的维生素A、维生素C、淀粉酶、氧化酶、锰等元素；鱿鱼干有滋阴补胃、补虚润肤的功能，富含钙、磷、铁元素，利于骨骼发育和造血，能有效治疗贫血；还含有大量的牛磺酸，可降低血液中的胆固醇含量，缓解疲劳，恢复视力，改善肝脏功能；其所含多肽和硒有抗病毒、抗射线作用。

做法

1. 白萝卜洗净切丝，香芹洗净切段，姜切片。
2. 干鱿鱼泡软洗净，去除内膜；新鲜鱿鱼去除乌汁及内脏，洗净，内面划交叉刀纹，两种鱿鱼均放入沸水中汆烫，捞出沥干。
3. 热锅，下油。爆香姜片，放鱿鱼，加料酒翻炒后，放入白萝卜丝，调入少许蚝油，略翻炒至断生。
4. 加入泡过鱿鱼干的水，全部材料移至煲锅内，加盖，中小火煮开，转小火煮约十几分钟，出锅前加入香芹，撒上白胡椒粉、味精、盐，淋香油调味即可。

沙姜八爪鱼

味道鲜美·营养丰富

原料：新鲜八爪鱼 500 克

调料：油、盐、生抽、料酒、黑胡椒、糖、沙姜、大蒜、蚝油、青椒、红椒、香菜各适量

做法

❶ 将八爪鱼去掉内脏，剥掉黑膜，洗净，切花刀，控干水。

❷ 将盐、生抽、料酒、黑胡椒碎粒、糖，搅拌后放置 5 分钟。

❸ 沙姜、大蒜切碎，青、红椒洗净切菱形，香菜切段。

❹ 起锅，放油烧热后放入沙姜爆香，放入大蒜炒两下，放腌好的八爪鱼快速翻炒，加青、红辣椒翻炒，待鱿鱼八成熟时放入香菜和蚝油调味，再翻炒即可。

咸鲜味

受大众欢迎度 ★★★☆☆

鲜香味

受大众欢迎度 ★★★★☆

铁板墨鱼嘴

清脆爽口·鲜美入味

原料：墨鱼嘴 200 克，彩椒 100 克，洋葱半个

调料：油、XO 酱、盐、糖、味精、淀粉、葱白、姜各适量

做法

❶ 墨鱼嘴泡发洗净，改刀，焯水过油。

❷ 彩椒洗净切块，洋葱切块，葱白切段，姜切片。

❸ 热锅放少量油入葱白、姜、XO 酱爆香，倒入墨鱼嘴翻炒，加入洋葱、彩椒翻炒至断生。

❹ 加盐、糖、味精适量调味，炒匀用淀粉勾芡，出锅盛入垫好锡纸烧热的铁板上即可。

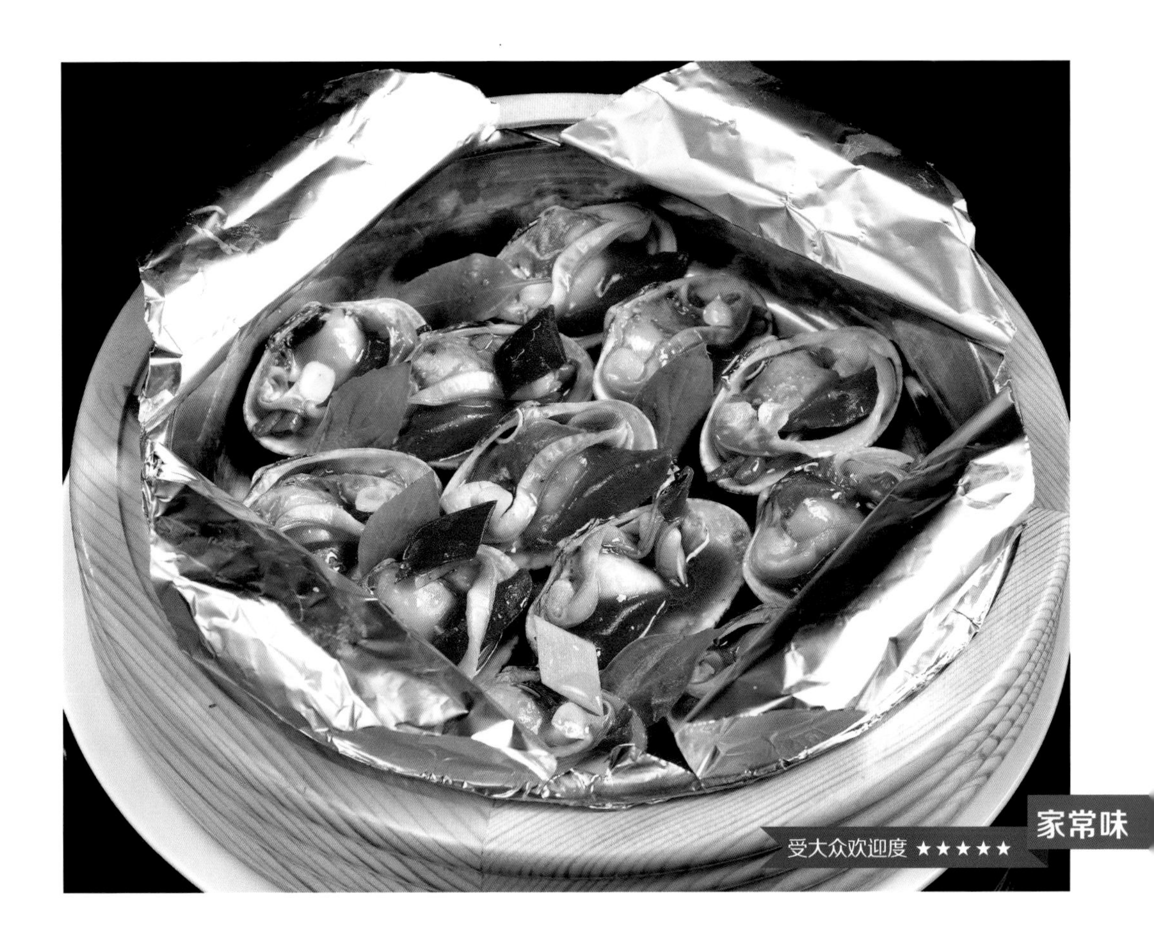

木盆花甲

造型美观 · 鲜香适口

原料：花甲 300 克

调料：蒸鱼豉油、盐、姜、生抽、红辣椒各适量

健康食疗

花甲肉的营养价值丰富，含蛋白质、脂肪、碳水化合物，以及碘、钙、磷、铁等多种矿物质和维生素。研究发现，花甲有一种叫蛤素的物质，有抑制肿瘤生长的抗癌效应。

做法

1. 姜洗净切片，红辣椒切小片，花甲洗净。
2. 花甲用姜水煮开口，去掉一边的壳，用小刀把花甲的内脏剔掉。
3. 摆入蒸盘，放上姜片和红辣椒片，用少许盐、蒸鱼豉油、生抽调好味之后，淋在花甲上，盖上一层锡纸。上锅大火蒸 10 分钟出锅即可。

豉汁炒花甲

肉味鲜美 · 鲜辣可口

原料：花甲 300 克

调料：油、盐、白糖、生抽、白醋、豆豉、洋葱、青椒、红椒、葱各适量

制作点睛：

花甲买回家后，要用清水反复清洗几遍，然后再用淡盐水浸泡让其吐尽泥沙。烫花甲时，在其开口时即捞出，否则烫久了肉质会变老且会离壳。

咸鲜味

受大众欢迎度 ★★★★☆

做法 ↘

1. 花甲处理干净，放入沸水锅中烫至开口时捞出，再用冷水冲洗一遍；洋葱洗净，切丝；红椒洗净，切圈；青椒洗净，切片；葱洗净，切段。
2. 将盐、白糖、生抽、白醋调匀成味汁待用。
3. 锅中入油烧热，入豆豉炒香，加入花甲爆炒一下，再入洋葱、青椒、红椒翻炒均匀。
4. 倒入味汁，加入葱段炒匀，起锅盛入盘中即可。

蒜蓉粉丝蒸扇贝

蒜香浓郁 · 粉丝润滑

原料：扇贝400克，粉丝1把

调料：蒜、葱、盐、油、味精、料酒各适量

健康食疗

扇贝是扇贝属的双壳类软体动物，其壳、肉、珍珠层具有极高的利用价值。很多扇贝都可作为美食食用，它肉质鲜美，营养丰富，它的闭壳肌干制后即是“干贝”，被列入八珍之一。

做法

❶ 扇贝处理干净，扔掉无肉的那半扇贝壳。

❷ 处理好的扇贝中加入盐、料酒腌渍5分钟。粉丝用温水泡软、洗净，沥干水分。蒜去皮、洗净，切末。葱洗净，切葱花。

❸ 油锅烧热，倒入蒜末，以小火炒至金黄色时盛出，稍凉后加入盐、味精拌匀。

❹ 将扇贝摆入盘中，放上粉丝，再将调好的油蒜蓉放在粉丝上。

❺ 将备好的材料放入锅中蒸约5分钟后取出，撒上葱花即可。

葱粒炒红肉米

香辣可口 · 佐酒下饭

原料：红肉米 300 克

调料：食用油、鸡精、料酒、蒜、姜、葱、红椒各适量

做法

❶ 红肉米洗净，用清水浸泡片刻；葱姜蒜洗净，切碎；红椒洗净，剁碎。

❷ 油锅烧热，下姜末、蒜末、葱白爆香，下红肉米爆炒片刻，烹入料酒翻炒，放入红辣椒碎，炒片刻。

❸ 下葱花，调入鸡精、生抽炒匀出锅即可。

厨房心得

红肉米其实既不是畜肉，也不是米，而是一种蚬仔肉。蚬仔非常小，所以渔夫们用一种方法，把它们去掉壳，取出小肉，虽然小，但非常鲜美。

韭菜蚬仔肉

色泽碧绿 · 韭香四溢

原料：蚬仔肉 100 克，韭菜 150 克

调料：食用油、盐、生抽、鸡精各适量

做法

❶ 蚬仔肉反复洗净，沥干水；韭菜摘洗干净，切段。

❷ 油锅烧热，入蚬仔肉爆炒片刻，加入韭菜快速翻炒，调入盐、生抽、鸡精炒匀，出锅即可。

厨房心得

因为韭菜非常容易熟，韭菜下锅后大火快炒，调味出锅，否则炒久了韭菜不能保持碧绿的色泽，而且影响口感。

冬菜甜豆百合螺片

百合嫩滑·螺片脆鲜

原料：甜豆100克，鲜百合1个，海螺200克，潮汕冬菜少许，彩椒适量

调料：食用油、盐、淀粉、料酒、白酱油、鸡精、鲜汤各适量

食物相克

海螺：螺肉不宜与中药蛤蚧、西药土霉素同服；不宜与牛肉、羊肉、蚕豆、猪肉、蛤、面、玉米、冬瓜、香瓜、木耳及糖类同食；吃螺不可饮用冰水，否则会导致腹泻。

做法

1. 海螺汆水后取肉，丢弃肠和螺尾，螺肉片切成连刀鸡冠形薄片；甜豆摘洗干净，放入开水中焯熟；彩椒洗净，切菱形状；百合去根蒂，掰片洗净，焯熟。
2. 白酱油、鸡精、淀粉、盐、鲜汤放碗内对成味汁。
3. 油锅烧热，下入螺片爆炒，烹入料酒炒匀，再放冬菜、彩椒翻炒，最后烹入调好的味汁炒匀。
4. 将焯熟的甜豆和百合铺在盘底，再将做好的螺片装盘即可。

咸鲜味

受大众欢迎度 ★★★★☆

生啫黄鳝煲

香气四溢 · 咸鲜味美

原料：黄鳝500克，洋葱1个，红辣椒1个，香菜适量

调料：油、蒜头、姜、盐、柱侯酱、海鲜酱、糖、老抽、绍酒、香油各适量

做法

❶ 蒜头去皮拍扁，洋葱切片，香菜切段，姜去皮切片。

❷ 黄鳝宰杀洗净切段，用开水烫一下去血水。

❸ 红辣椒切块，起油锅爆熟，加适量盐调味，盛起备用。

❹ 起油锅爆香姜、蒜和洋葱，加入调料中的两种酱料炒香，倒入黄鳝段，续入老抽和糖略炒，倒入砂锅。

❺ 置砂锅于火上，大火烧，听到砂锅内**“啫啫”**（“吱吱”）作响，沿着锅盖淋一圈绍酒，稍等片刻，揭开锅盖，加入红椒拌均匀，放上香菜，滴入香油即可。

什锦粉丝煲

鲜香味美 · 爽脆适口

原料：鲜鱿鱼100克，鸭肠50克，鸭胗2个，虾6只，粉丝100克，彩椒适量

调料：蒜蓉、青葱、油、浓缩鸡汤、蚝油、生抽、老抽、辣椒油各适量

做法

❶ 先把鲜鱿鱼去内脏、去黑膜洗干净，切好，烧锅开水放进去烫熟；将虾去虾线，洗净；鸭肠、鸭胗洗净改刀；彩椒洗净，切块；青葱切丝。

❷ 起锅下油，快火爆香蒜蓉，再加虾炒至七成熟，加鸭胗、鸭肠和少许盐翻炒，加焯熟鱿鱼、彩椒和辣椒油快速炒匀。

❸ 煲仔内加入鸡汤和水，大火煮滚，加入其余汁料蚝油、生抽、老抽搅匀。

❹ 先将粉丝放入煲内，再将所有炒好的材料铺上，熄火焖2分钟，让粉丝吸汁，撒上葱花即成。

腰豆三鲜煲

色彩丰富 · 口感爽脆

原料：红腰豆100克，鲜鱿鱼200克，草菇50克

调料：玉米粒、葱白、姜片、胡萝卜、盐、胡椒粉、香油各适量

做法

❶ 红腰豆用水浸泡1小时；葱洗净，切段；胡萝卜洗净，切片；草菇洗净，切两半。

❷ 鲜鱿鱼去墨汁、去内脏和内膜，洗净，内面划交叉刀纹，焯水备用。

❸ 把焯水的鱿鱼和红腰豆、玉米粒、草菇、胡萝卜、姜片一起冷水下锅煮开，小火煲半小时。

❹ 调入盐、胡椒粉，再煲10分钟，放葱白，淋香油即可。

鱼肚蹄筋煲

色彩金黄 · 脆爽筋道

原料：鱼肚200克，水发蹄筋150克，脆皮肉50克，红椒1个

调料：葱、姜、盐、味精、生抽、高汤、蚝油各适量

厨房心得

鱼肚是用鲸鱼等大鱼的鱼肚做成的，干货店有售，买时要选肉质厚、长形的，发时不可用油，否则易煮烂。

做法

1. 先将鱼肚浸泡于冷水中，1小时后捞出，置于锅中，倒入清水加姜（切片）和葱段一起炖煮约1小时，至软即可取出，切成6厘米×3厘米的薄片；将蹄筋切好。脆皮肉切块。
2. 烧热砂锅，热油爆香姜葱，放入鱼肚和蹄筋，下适量的生抽、蚝油、味精及盐，加入高汤，加盖以文火焖至绵软。
3. 加入脆皮肉、红椒，取出原汁勾蚝油芡，再以慢火收紧汁液，使稀稠适度便可。

北极贝扒鱼肚

爽滑雪白 · 软嫩鲜浓

原料：北极贝100克，水发鱼肚400克

调料：食用油、盐、鸡汤、蚝油、水淀粉、酱油、味精、胡椒粉、料酒、葱花、姜末、鱼子酱各适量

食物相克

北极贝本性寒凉，最好在食用时避免与一些寒凉的食物共同食用，比如空心菜、黄瓜等蔬菜，饭后也不应该马上饮用冰镇饮品，还要注意少吃或者不吃西瓜、梨等性寒水果，以免导致身体不适。

做法

1. 将北极贝肉洗净，入锅过油待用；鱼肚洗净，切成块。
2. 将鱼肚用料酒、葱花、姜末及鸡汤适量，在文火上煨好，控出原汤。
3. 炒锅倒入蚝油，在旺火上烧热，下入鱼肚，再下入鸡汤、酱油、味精、盐、胡椒粉调味，再放入北极贝汆至变色，加入稠稀的水淀粉勾芡。
4. 起锅盛在扒盘内，撒上葱花、鱼子酱即可。

桂花炒鱼肚

色如桂花 · 香鲜软嫩

原料：湿油发鱼肚 125 克，熟荸荠白 50 克，火腿末少许，鸡蛋 3 个

调料：盐、味精、绍酒、猪油、葱白丝各适量

做法

1. 鱼肚切成丝，入沸水锅氽透，捞出挤干水，用少许盐拌一拌；荸荠白切成细丝。
2. 鸡蛋磕入大碗中，加盐、味精打透，再把鱼肚丝、荸荠白丝、葱白丝一并加入搅匀。
3. 烧热炒锅，入猪油滑锅，再下油，待油热时倒入混好的蛋液推炒，中途加油两次，炒至蛋凝固成熟，烹绍酒出锅装盘，撒上火腿末即成。

厨房心得

油发鱼肚是用高温滚油热爆，除了十分油腻外，泡发成数比例相对较低。

鲍汁海参

口感软糯 · 鲜美营养

原料：水发海参 4 只，红腰豆 200 克，西蓝花适量

调料：高汤、鲍汁、水淀粉各适量

做法

1. 红腰豆用水泡 1 小时，海参洗净，切件；西蓝花洗净，焯熟。
2. 将泡好的红腰豆盛砂锅内，加高汤、鲍汁大火煮开后转文火煲至红腰豆软熟。
3. 加入海参煲 15 分钟，用水淀粉勾薄芡，把焯熟的西蓝花摆上装饰即可。

食物相克

海参中含有丰富的蛋白质和钙等营养成分，而葡萄、柿子、山楂、石榴、青果等水果含有较多的鞣酸，同时食用，不仅会导致蛋白质凝固，难以消化吸收，还会出现腹痛、恶心、呕吐等症状。

虫草花爆辽参丝

色彩鲜亮 · 咸香可口

原料：虫草花 200 克，辽参 1 只，红椒适量

调料：油、盐、湿淀粉、生抽、鸡精、蒜、香菜各适量

健康食疗

此道菜适合易疲劳、易感冒、过肥过瘦、体弱、免疫力低的人食用，有益肝肾、补精髓、止血化痰的功效。

做法

1. 虫草花洗净，用水浸泡 20 分钟；辽参放入温水中浸泡至软，切条；红椒洗净，切丝；香菜洗净，切段；蒜去衣，拍碎。
2. 起锅热油，待油温至五成热，下蒜末煸出香味，入红椒爆炒，加入虫草花翻炒片刻，放入辽参丝继续翻炒，放入香菜梗炒片刻。
3. 入盐、少许生抽、鸡精调味，用湿淀粉勾薄芡出锅即可。

黑胡椒螃蟹

椒香四溢·风味独特

原料：大螃蟹1只

调料：食用油、盐、黑胡椒粉、黄酒、生粉、高汤各适量

制作点睛：

要想蟹钳什么的都入味，就用刀把蟹壳轻轻拍碎，不要拍太碎，不然蟹壳容易掉进汁里扎嘴。

做法

❶ 先将蟹去掉三角蟹脐，打开蟹盖后去掉两边像菊花瓣一样的蟹鳃，还有要去掉的是蟹肠、胃和心，浸泡在黄酒里。

❷ 将螃蟹裹点生粉，油锅烧热，下螃蟹快速翻炒，盛出备用。

❸ 另置油锅烧热，放入黑胡椒粒、螃蟹，加适量高汤煮开，用生粉勾芡，再撒点黑胡椒粉出锅即可。

葱姜炒花蟹

肉嫩清甜 · 滋味鲜美

原料：花蟹 3 只

调料：油、盐、醋、生抽、料酒、水淀粉、葱、姜、蒜各适量

制作点睛：

蟹在除去外壳后再沾到水，腥味会比较大，要在处理之前将蟹冲洗干净；海鲜比较易熟，不要烹制太久，肉熟即可，以免影响肉质。

健康食疗

如果怕胃寒，吃完蟹立马就喝一杯 300mL 红糖姜水。用姜十多片加水煮 10 分钟，滤掉渣，加红糖搅匀即可。

做法

❶ 蟹先刷干净外壳，然后用尖刀撬开蟹盖，去掉鳃及肚子，洗净。

❷ 将蟹斩件，蟹钳用刀背敲破外壳，与蟹盖一起用少许盐及料酒腌渍片刻。

❸ 将姜洗净切丝；葱洗净，切段；蒜去衣洗净，切片。

❹ 锅内放油，待油温微热，把姜葱蒜放入爆炒片刻，然后放入蟹翻炒至变色。

❺ 放水焖一下至熟透，加入生抽、醋调味，水淀粉勾薄芡，收汁起锅。

❻ 摆盘，按蟹原来的样子摆好，盖上蟹壳即可。

温拌海螺肉

鲜嫩细腻 · 口感咸鲜

原料：海螺800克，苦苣适量

调料：盐、糖、生抽、葱白、红椒、米醋、味精、香油、姜各适量

制作点睛：

此菜趁微微温热上桌，最后淋上一些香油提香。微热的温度让香油的香气更加诱人。

做法

1. 海螺洗净，入凉水锅内，放姜片，大火煮开，开锅后转中小火煮12分钟。
2. 用筷子取出螺肉，凉后切片。
3. 红椒、葱白切丝，苦苣洗净备用。
4. 调入适量盐、糖、生抽、米醋、味精，拌入螺肉，装盘。
5. 把红椒丝、葱白丝、苦苣铺上，把热油浇上，再淋上一点香油即可。

黄瓜拌海蜇头

爽脆酸甜 · 口味清爽

原料：黄瓜1根，海蜇头150克

调料：香油、香菜、蒜、盐、红椒、白糖、米醋各适量

厨房心得

海蜇头在焯水时，水温不宜过高，五六成热即可。

做法

1. 海蜇头泡水洗净，在热水中焯水后捞出放入凉开水中。
2. 黄瓜洗净，切薄片；香菜洗净，切段；红椒洗净，切圆圈；蒜切小片。
3. 将上述所有材料混合在一起，加入米醋、白糖、盐，淋入香油拌匀即可。

酸甜味

受大众欢迎度 ★★★★☆

第四章

禽蛋类

禽蛋包括鸡肉、鸭肉、鹅肉、蛋等，它们含有人体所需要的蛋白质、脂肪、无机盐和维生素，而且味道鲜美。这类常见的食材，一经粤菜厨师之手，顿时就变成美味佳肴，每令食者击节赞赏，叹为“异品奇珍”。如鲜嫩美味的白切鸡、酥嫩可口的广式填烧鸭、肥腴鲜美的烧鹅，都是粤菜中的精品。

红烧乳鸽

肉质细嫩 · 芳香可口

原料：乳鸽 1 只

调料：油、老抽、盐、蜜糖、五香粉、盐、绍酒、味精、白醋、胡椒粉、生姜末各适量

做法

1. 把乳鸽的内脏清除，然后过沸水，把乳鸽的胸部浸在水中，用中火煮约 5 分钟，捞出过冷水。
2. 乳鸽吊起晾干后，用老抽、盐、蜜糖、味精、胡椒粉、生姜末腌渍 30 分钟。
3. 熬蜜汁，先把白醋放锅里烧开，放入蜜糖煮溶，两者混合在一起即可。
4. 热锅入油，待油温 80℃左右，把乳鸽入油锅过油，浸胸肉，不断用滚油淋鸽背。
5. 待胸部与背部的颜色一致时，即可上碟；上碟后即淋上蜜汁使其色香味倍增。
6. 用五香粉加盐，用慢火炒香，即成淮盐作为佐料。

健康食疗

鸽肉营养丰富，易于消化。鸽肉含蛋白质丰富，且脂肪含量低，所含微量元素和维生素也比较均衡。

红葱头蒸鸡

葱香四溢 · 肉质细嫩

原料：鸡 1 只，红葱头 50 克

调料：盐、胡椒粉、米酒、生抽、花生油、姜、香菜各适量

厨房心得

这道菜可以用整鸡做，用鸡腿肉更嫩一些。如果怕油腻的可以将鸡肉去皮。如果没有新鲜的红葱头也可以买油葱酥代替。

做法

❶ 红葱头去衣洗净，拍碎备用；姜去皮洗净切片，备用；香菜洗净切段，备用。

❷ 光鸡洗净斩件，以盐、姜片、米酒、胡椒粉、生抽和花生油拌匀，入蒸炉蒸 10 分钟。

❸ 取出，放入红葱头，再入蒸炉蒸 5 分钟至鸡熟，取出撒上香菜即可。

脆皮煎焗鸡

鸡肉嫩滑 · 清香味美

原料：鸡半只

调料：青椒、红椒、香芹、姜、葱、盐、糖、酱油、白酒、生粉、食用油各适量

做法

❶ 鸡洗净，斩件，加入2汤匙酱油，2汤匙糖，1/2汤匙盐，适量油以及生粉腌10分钟。

❷ 姜洗净，切片；葱洗净切段；青、红椒洗净切块；香芹摘叶片洗净，切段。

❸ 热锅入油，待油六成热时，用中火把姜和葱头煸至表面呈金黄色，倒入鸡块，用中火将之煎至两面呈金黄，鸡皮的油尽量爆出来。

❹ 沿锅边浇一圈白酒，盖上锅盖先焖煮2分钟。

❺ 然后每隔1 ~ 2分钟就要开锅盖翻炒一次，焖10分钟左右，鸡肉基本熟透。

❻ 放入香芹和青红椒，翻炒均匀，盖锅盖再焖2分钟左右出锅即可。

香辣味

受大众欢迎度 ★★★★☆

松茸鸡片滑豆腐

鲜嫩滑润 · 口味鲜美

原料：松茸50克，鸡胸肉150克，内酯豆腐2块

调料：盐、生粉、鸡汤、鸡精、香油、香菜、葱花各适量

健康食疗

鸡肉含有丰富的蛋白质、脂肪、钙、磷、铁、多种维生素，具有补脾胃、益肾气的功效。与松茸相配成此菜，可为人体提供丰富的营养成分，具有补脾胃的功效。

做法

❶ 松茸用温水浸泡片刻，洗净；鸡胸肉切片，加生粉、盐、香油拌匀腌渍半小时；豆腐冲洗，切长条。

❷ 砂锅内放入适量鸡汤，加盐、鸡精调味，加入松茸煮至变软入味。

❸ 加入豆腐煮5分钟，下腌渍好的鸡片，大火烧开，加入葱花、香菜，关火即可。

可乐煲鸡中翅

色泽红亮 · 香甜美味

原料：鸡中翅 4 块，白萝卜适量

调料：味精、可乐、酱油、糖、葱、香菜、料酒各适量

厨房心得

购买鸡翅时选择发黄发干的，肉色发亮，没有断骨，表面没有瘀血为佳；鲜亮发白、水分太多的鸡翅不要买，这鸡翅是用水浸泡过，鸡翅吸收了大量水分，增重 20% 左右，显得更肥些。

做法

1. 鸡中翅洗净，沥干，在翅中的正反面分别斜刀刺几下。用味精、可乐、酱油、糖、料酒腌渍 40 分钟。
2. 白萝卜去皮洗净，切薄片，摆盘做衬菜。葱、香菜洗净，切成段。
3. 起锅入油，待油温八成热，倒入腌好的鸡中翅炸至表面金黄，捞出控油。
4. 炸好的鸡中翅加腌料，置另一锅用大火煮至滚后，转小火再煮约半小时收汁，把鸡中翅夹出摆在白萝卜片上，浇汁，撒上葱和香菜即可。

蒜香鸡脆骨

色泽金黄·香酥爽脆

原料：

鸡脆骨300克，红辣椒适量

调料：

葱、黄酒、盐、味精、淀粉、胡椒粉、辣椒面、蒜粉、姜、食用油各适量

厨房心得

此法是最简单、最常见的一种腌制鸡脆骨的方法，姜片、葱段也可用姜葱汁代替，胡椒粉主要起去异味增香味的作用。

蒜香味

受大众欢迎度 ★★★★☆

做法

1. 姜洗净，切片；葱洗净，葱白切段，其余切碎；红辣椒切碎备用。
2. 鸡脆骨解冻后，冲洗干净，待沥干水分后纳盆，依次加入姜片、葱段、黄酒、盐、蒜粉、胡椒粉、辣椒面、味精等腌渍入味，拣去姜片、葱段，再加入淀粉拌均匀，待炸。
3. 锅中入油，待油温至七八成热时，把鸡脆骨下油锅炸，炸至金黄，改温油慢炸，至鸡脆骨熟透，捞出控油装盘，撒上葱花和辣椒碎即可。

翡翠腰豆粒粒香

色彩鲜艳 · 口感丰富

原料：鸡脆骨100克，虾仁、甜豆各50克，熟红腰豆、腰果、白果各适量

调料：食用油、盐、水淀粉、白酱油、料酒、鸡精、酥炸粉、鸡粉各适量

厨房心得

这是一道荤素兼有的美食，鸡脆骨经过炸制以后外酥里嫩，再配以甜豆非常爽口。色泽漂亮，营养丰富，风味独特。

做法

❶ 虾仁洗净，加料酒腌渍片刻；甜豆摘洗干净，切段焯水；白果剥壳去芯，焯水去苦味；鸡脆骨洗净后切丁，用盐、鸡精、鸡粉、料酒腌渍1小时；酥炸粉调成酥炸糊。

❷ 将腌好的鸡脆骨蒸至香浓软烂端出，将蒸好的脆骨裹上酥炸糊入油锅炸至金黄色捞出备用。

❸ 起锅热油，放虾仁炒熟，盛出备用。

❹ 再热锅入少许油，放入甜豆翻炒片刻，加入红腰豆、炸鸡脆骨、腰果、白果、虾仁拌炒均匀，入盐、鸡精、少许白酱油调味，用水淀粉勾芡出锅即可。

酱香味

受大众欢迎度 ★★★★★

酱香凤爪

香气四溢 · 脆嫩可口

原料：鸡爪 400 克

调料：油、盐、五香粉、料酒、生抽、红椒、老抽、蚝油、白胡椒粉、豆豉、麻油、白醋、蜂蜜、姜各适量

做法

❶ 将鸡爪洗净去掉指尖，锅中加冷水放入切好的鸡爪，加料酒、姜片煮约2分钟后捞出。

❷ 鸡爪放冷水中浸泡一下，冲去浮沫，捞出，晾干鸡爪表皮水分。

❸ 将蜂蜜和白醋混合调成汁，刷到晾干的鸡爪上，再晾干防止油炸时溅油。

❹ 锅中倒入油烧至五六成热时，放入鸡爪炸制。炸时盖上锅盖，以免被油溅。

❺ 将炸成金黄色的鸡爪捞起沥油后，放入冷水（冰水更好）中浸泡最少 1 小时以上。

❻ 将姜、盐、五香粉、料酒、生抽、老抽、蚝油、白胡椒粉、麻油混合成酱汁待用。红椒洗净，切圈。

❼ 将泡发的鸡爪装盘放入蒸锅中蒸，约 15 分钟后将酱汁倒在蒸好的鸡爪上，拌匀，再撒上一点豆豉，放上红椒，再继续蒸 20 分钟即可。

丝瓜鸡什

清淡柔滑 · 咸鲜可口

原料：鸡胗 200 克，鸡心 2 个，丝瓜 150 克

调料：盐、食用油、生抽、料酒、水淀粉各适量，姜、辣椒丝各少许

厨房心得

新鲜的鸡胗富有弹性和光泽，外表呈红色或紫红色，质地坚而厚实。不新鲜的鸡胗呈黑红色，无弹性和光泽，肉质松软，不宜购买。

做法

1. 鸡胗、鸡心洗净，切片，加料酒腌渍。丝瓜去皮，洗净，切条块。姜去皮，洗净，切片。
2. 锅中入油烧热，入姜片爆香后捞出，倒入鸡胗、鸡心翻炒片刻。
3. 调入盐、生抽炒匀，加入丝瓜同炒至熟，用水淀粉勾薄芡，起锅盛入盘中，加辣椒丝装饰即可。

银鳕鱼炒鸭舌

鱼肉香酥·鸭舌干香

原料：银鳕鱼200克，鸭舌头100克，鸡蛋1个

调料：油、盐、味精、胡椒粉、料酒、生抽、生粉、鲍鱼酱、鲍汁、蚝油、姜块、洋葱、彩椒、蒜苗、香芹各适量

做法

❶ 将银鳕鱼解冻，用清水冲洗干净，晾干，切薄片，用厨房纸将银鳕鱼上的水分吸干。取少量的盐、味精、料酒、胡椒粉搅匀，将银鳕鱼腌渍20分钟。

❷ 将鸭舌头洗净，去舌根飞水，用力搓洗掉舌苔及黏膜，冲洗干净，备用。

❸ 彩椒洗净，切条，蒜苗、香芹洗净，切段，姜洗净，切条，洋葱切圈，焯水装盘。

❹ 取蛋黄搅匀。将蛋黄均匀地涂抹在银鳕鱼上。将生粉倒入盘中，用涂抹上蛋黄的银鳕鱼蘸生粉，使生粉薄薄地贴满银鳕鱼，两面都要蘸生粉。

❺ 热锅入油，待油温八成热时把银鳕鱼放入，中火煎炸，煎至两面金黄，控油装入放洋葱的盘。

❻ 炒锅放油爆香姜块蒜段，放鲍鱼酱、鲍汁、蚝油炒香，加清水放鸭舌烧开，打去浮沫、移小火酱制八成熟，加入彩椒和香芹，翻炒至彩椒断生，加盐和生抽调味，大火收汁，盛出，盖在炸好的银鳕鱼上即可。

红酒鹅肝

细腻滑润 · 入口即化

原料：鹅肝150克，红酒30克，蜜糖15克

调料：薄荷叶、盐、胡椒粉、食用油各适量

做法

1. 鹅肝洗净，切成长方体小块，加少许盐和胡椒粉腌渍1小时。
2. 起锅入油，待油温三成热时，下鹅肝煎至七成熟备用。
3. 红酒加蜜糖汁，加入适量清水，大火煮沸后，转小火熬制10分钟，待汤汁略收至浓稠，煮成红酒汁备用。
4. 将薄荷叶、鹅肝依次码放好，浇上红酒汁即可。

厨房心得

动物肝是体内最大的毒物中转站和解毒器官，所以买回的鲜肝不要急于烹调。应把肝放在自来水龙头下冲洗10分钟，然后放在水中浸泡30分钟。

烹调时间不能太短，至少应该在急火中炒5分钟以上，使肝完全变成灰褐色，看不到血丝才好。

食物相克

鹅肝不宜与维生素C、抗凝血药物、左旋多巴、优降灵和苯乙肼等药物同食。

甜香味

受大众欢迎度 ★★★★☆

健康食疗

鹅肝含碳水化合物、蛋白质、脂肪、胆固醇和铁、锌、铜、钾、磷、钠等矿物质，有补血养目之功效。一般人都适合，贫血者和常在电脑前工作的人尤为适合，但是高胆固醇血症、肝病、高血压和冠心病患者应少食。

咸香味

受大众欢迎度 ★★★★★

北菇鹅掌煲

软滑细嫩 · 咸香美味

原料：脚掌 6 只，干香菇 80 克，西蓝花适量

调料：油、姜、葱、高汤、淀粉、米酒、蚝油、盐、糖、酱油各适量

做法

❶ 鹅掌洗净，沥干水分，用酱油和淀粉拌匀，再下油锅炸至微黄；香菇泡软，支蒂洗净。

❷ 锅内放 2 大匙油爆香姜、葱，并加入高汤、米酒、蚝油、盐、糖、酱油，以慢火把鹅掌、香菇文火煮至软滑，盛入热砂锅中。

❸ 西蓝花洗净，掰成小朵，烫熟，摆入砂锅中即可。

健康食疗

鹅掌蛋白质的含量很高，富含人体必需的多种氨基酸、多种维生素、微量元素，并且脂肪含量很低。

厨房心得

北菇指的是较厚的香菇，也可以用花菇替代。由于鹅掌蘸淀粉炸过，所以烧煮时汤汁会黏稠，不需再勾芡。

杂菜蛋饺煲

香浓味美 · 回味无穷

原料：鸡蛋 4 个，猪肉 100 克，粉丝、西芹、西蓝花、菠菜、金针菇各适量

调料：植物油、盐、糖、生抽、白胡椒粉、高汤、生粉、葱、姜各适量

厨房心得

调制肉馅材料时，调味品不需要放太多，简单的基本味就很足够，要让蛋饺吃起来肉馅很有弹性，前期把肉打上劲非常关键。

做法

❶ 粉丝用冷水泡发，葱、姜洗净切碎成末。

❷ 猪肉洗净沥干，绞成肉末，放入容器，加入盐、糖、生抽、白胡椒粉和葱姜末朝同一方向搅拌。

❸ 慢慢分次加入清水，同一方向打至起胶上劲，加入适量生粉，按同一手法再次搅拌均匀。

❹ 鸡蛋打入碗中，搅散待用，小锅中刷少许植物油，用汤勺舀适量蛋液入锅中，蛋皮形成时放入肉馅，迅速对折，边缘处粘紧，即可出锅，蛋饺完成。

❺ 西芹、西蓝花、菠菜、金针菇洗净，泡好的粉丝捞出沥水，将蔬菜和粉丝放入砂煲，摆上蛋饺，加入适量高汤，煲 10 分钟即可。

四宝水蒸蛋

光滑软嫩·味道鲜美

原料：鸡蛋4个，文哈6个，虾仁6个，嫩玉米粒50克，嫩豌豆适量

调料：盐、水淀粉、料酒、香油、姜片、葱段各适量

厨房心得

蛋液过筛能使蛋羹更加嫩滑。吃饺子或包子剩下的馅料，可以直接用来蒸肉饼。

做法

1. 文哈洗净，放入加有葱、姜的沸水中焯烫至文哈开口捞出，沥干；虾仁洗净，用盐和料酒腌渍；嫩玉米粒、嫩豌豆洗净，焯熟，沥干，备用。
2. 鸡蛋磕入碗中，打散成蛋液，用网筛过滤，加盐和等比例的水，拌匀。
3. 把焯好的文哈、虾仁、嫩玉米粒、嫩豌豆加入蛋液里，盖上保鲜膜，在保鲜膜上戳几个小孔。
4. 在蒸锅内加入水，把碗放入蒸笼，蒸笼放入锅内，开大火蒸，开了后，转小火蒸上15分钟，关火取出即可。

虫草花蒸蛋

嫩滑如脑 · 口感颇佳

原料：鸡蛋3个，猪肉50克，虫草花适量

调料：盐、葱、胡椒粉、料酒、生抽、香油各适量

制作点睛：

加入蛋液中的水要用温开水，这样蒸出来的鸡蛋才嫩滑；猪肉要选择八分瘦、二分肥的为好。

做法

❶ 虫草花用清水泡软，洗净；鸡蛋磕入碗中搅散成蛋液，再加入适量温开水和盐拌匀。

❷ 猪肉洗净，剁成肉末，加盐、胡椒粉、料酒拌匀；葱洗净，切葱花。

❸ 用筷子将肉末夹进蛋液中，放上备好的虫草花，再在碗上盖上保鲜膜。

❹ 锅置火上，倒入适量清水，放入备好的材料，盖上锅盖，以大火将水烧开，再改用小火蒸约10分钟后取出，淋上香油、生抽，撒上葱花即可。

受大众欢迎度 ★★★★☆

咸鲜味

第五章

畜肉类

畜肉是我们餐桌上传统的肉食，畜肉类是指猪、牛、羊等牲畜的肌肉、内脏及其制品，其含有丰富的蛋白质及脂肪、碳水化合物、钙、磷、铁等成分。畜肉不仅有利于健康，而且可以烹制出让人大快朵颐的各种口味的美味佳肴。畜肉在粤菜的做法中，特别注重取材广泛，调味多变，菜式多样，口味鲜香醇厚并重。

潮式猪手煲

味香汤浓 · 猪蹄软烂

原料： 猪手1只，西蓝花适量

调料： 味精、盐、白糖、白醋、姜、葱、上汤、料酒、香油各适量

制作点睛：

用白醋水焯煮猪蹄，可以很好地去除猪蹄的腥味，促进猪蹄的软烂，同时，这也是保证熬好的猪蹄汤色泽清亮无腥味的关键。

做法

❶ 将猪手烧去毛，刮洗净，斩小件。

❷ 焯水，锅里加冷水，放入洗净的猪手块，倒入一点白醋，开大火煮，煮到水面出现大量浮沫，把猪手捞出，用冷水把浮沫洗净。

❸ 西蓝花用淡盐水浸泡半个小时，洗净，掰成小块，焯水，装盘备用。

❹ 锅架上火放油烧热，下葱、姜爆香，加入上汤、盐、白糖、料酒、味精，放入猪手，大火煲滚后转入砂煲，小火煲至猪手软身、汤汁浓时，淋入香油，将备好的西蓝花摆盘装饰即可。

咸香味

受大众欢迎度 ★★★★☆

葱油猪手

葱香浓郁 · 皮弹肉嫩

原料： 猪手 1 个

调料： 盐、料酒、老抽、姜、八角、桂皮、香叶、香菜、香葱头各适量

健康食疗

猪蹄中的胶原蛋白质在烹调过程中可转化成明胶，它能结合许多水，从而有效改善机体生理功能和皮肤组织细胞的储水功能，防止皮肤过早褶皱，延缓皮肤衰老。

做法

❶ 将猪手去毛，刮干净，斩小件。香葱头切丝，姜切片，香菜洗净，切碎。

❷ 锅中烧水，放姜片，倒入料酒，水开后放入猪蹄焯下，撇出浮沫，捞出猪蹄。

❸ 将八角、桂皮、香叶与猪蹄一同放入锅中，加水、老抽和食盐少许，先用武火烧沸，后用文火炖熬，直至熟烂，装盘。

❹ 热锅入油，油热到七成时，放入香葱丝炸香，关火。把炸好的香葱浇在猪手上，撒上香菜叶即可。

赤豆猪尾煲

芳香醇厚 · 美味可口

原料： 猪尾2条，赤豆100克

调料： 油、盐、蒜、葱各适量

健康食疗

猪尾骨含大量的钙、磷等矿物质，补阴益髓，对于强健骨骼、治疗肌肉关节受伤疼痛等有很好的功效，可改善腰酸背痛，预防骨质疏松。

做法

❶ 猪尾洗净切段，汆烫去腥，捞起备用，蒜、葱洗净，切好。

❷ 赤豆用开水浸泡片刻去杂质，化软。

❸ 锅烧热，放点油爆香蒜片，把猪尾放入锅里翻炒片刻，然后放入赤豆加水开始焖猪尾，水要没过肉和赤豆，先用大火滚半小时，再改文火慢慢焖2小时左右。

❹ 上桌前加盐，撒点葱花调味即可。

软骨菜干煲

软中带脆 · 咸香适口

原料：猪软骨 300 克，梅干菜 100 克

调料：酱油、糖、料酒、味淋、高汤、盐香芹各适量

厨房心得

味淋是以米为主原料，加上米曲、糖、盐等的发酵调味料，也有人称之为甜日本酒，没有味淋，可以用料酒或花雕酒代替。

做法

❶ 梅干菜水泡发，洗干净，稍挤干，切成 2 厘米长的段，氽水，捞出后入净锅炒干水汽；香芹洗净，切小段备用。

❷ 猪软骨氽烫出血水，洗干净，沥干水分，放入酱油、糖、料酒和味淋把猪软骨拌匀。

❸ 把猪软骨铺放在梅干菜上面，倒入汁料，加高汤大火煮开后小火焖 30 分钟，入盐调味，放香芹即可。

苦瓜腩肉煲

口味独特·油而不腻

原料：腩肉 350 克，苦瓜 1 根

调料：油、盐、生抽、大蒜瓣各适量

做法

❶ 把肉切好飞水，把苦瓜去籽洗净切块，大蒜剥好，洗净。

❷ 砂锅放少许油然后放入蒜粒，煸出香味后倒入腩肉，放生抽拌均匀，盖盖子煲 20 分钟左右。

❸ 再倒入苦瓜一起煲，加入适量的盐，加适量清水煲熟即可。

健康食疗

苦瓜中的苦瓜甙和苦味素能增进食欲，健脾开胃；所含的生物碱类物质奎宁，有利尿活血、消炎退热、清心明目的功效。

蜜炒农家猪腩肉

色泽红亮 · 香辣可口

原料： 农家猪腩肉 300 克

调料： 青椒、红椒、油、姜汁、蒜汁、生抽、蚝油、白糖、蜂蜜、盐、葱各适量

厨房心得

猪肉烹调前莫用热水清洗，因猪肉中含有一种肌溶蛋白的物质，在 15℃以上的水中易溶解，若用热水浸泡就会散失很多营养，同时口味也欠佳。

做法

❶ 腩肉刮毛，洗净，切 1 厘米厚片，用姜汁、蒜汁和盐将肉腌渍。青、红椒洗净，切条；葱洗净，切段。

❷ 将适量生抽、蚝油、白糖、蜂蜜、盐调成“万能蜜烧汁”备用。

❸ 锅里热油，放入腩肉，煸炒，炒至微微出油，放入切好的青、红辣椒一起炒，炒至肉微黄，加入葱翻炒均匀，将调好的蜜烧汁倒入，焖一小会儿，大火收汁即可。

香芹炒肉

肉香浓郁 · 美味无比

原料： 猪五花肉350克，红椒、姜片、蒜瓣、香芹各适量

调料： 油、盐、胡椒粉、老抽、料酒、香油各适量

做法

❶ 猪五花肉洗净，切片，加盐、料酒腌渍；红椒洗净，切圈；香芹去叶，洗净，切段。

❷ 油锅烧热，入姜片、蒜瓣爆香后捞出，放入五花肉煸炒至出油时，加入红椒翻炒均匀。

❸ 调入盐、胡椒粉、老抽炒匀，入香芹稍炒，淋入香油，起锅盛入碗中即可。

制作点睛：

五花肉一定要先煸出肥油，这样既可避免成菜过于油腻，又能使五花肉更加美味；在炒的过程中，火要大，手要快，而且不能加水同炒，才能突出这道菜鲜辣与干香的特点。

这是一道家常小炒，鲜嫩的猪肉，配上香辣爽口的红椒，于简单之中呈现出一道肉香浓郁、爆香味辣、令人胃口大开的菜肴。

芥蓝炒猪爽肉

清香四溢 · 油而不腻

原料： 猪颈肉 300 克，芥蓝 200 克

调料： 油、盐、生抽、糖、淀粉、香油各适量

健康食疗

猪爽肉其实就是猪颈肉，因其口感爽脆又被称为猪爽肉，含有丰富的优质蛋白质和人体必需的脂肪酸，并提供血红素（有机铁）和促进铁吸收的半胱氨酸，能改善缺铁性贫血症状。

做法

❶ 将猪颈肉洗净，切片。芥蓝洗净切厚片。

❷ 加入盐、糖、生抽、香油、淀粉拌匀，腌渍 2 小时以上。

❸ 烧开一锅水，放一点儿盐，把芥蓝焯一下，捞起备用。

❹ 热锅，放油烧热，倒入腌好的猪肉，稍煎一会儿再翻面煎，不要乱翻炒。

❺ 猪肉变金黄色变硬，并出香味的时候，可以稍微翻炒一下，再加入焯好的芥蓝，翻炒均匀，出锅即可。

蒜香排骨

色泽金黄 · 蒜香浓郁

原料：排骨 250 克，鸡蛋 1 个

调料：蒜子 50 克，盐、生粉、花生油各适量

做法 ↘

1. 排骨洗干净后，斩小件，汆水。
2. 将蒜子剁碎，加少许盐和排骨一起腌渍 20 分钟。
3. 两茶匙生粉，取鸡蛋清，加 4 茶匙的水和排骨一起拌匀。
4. 将油锅烧热，放入排骨，等排骨的肉收缩，骨头明显伸出时，排骨就熟了，如果想颜色酥黄漂亮些，就稍微再炸一会儿起锅即可。

受大众欢迎度 ★★★★★

蒜香味

健康食疗

排骨提供人体生理活动必需的优质蛋白质、脂肪，尤其是丰富的钙质可维护骨骼健康。排骨具有滋阴润燥、益精补血的功效；适宜于气血不足，阴虚纳差者食用。

金瓜蒸排骨

质地细腻 · 口感粉滑

原料： 金瓜 1 个，排骨 400 克

调料： 盐、红辣椒碎、食用油、麻油、豉汁、生粉、蒜蓉、生抽、胡椒粉、料酒、糖、葱花各适量

做法 ↘

❶ 金瓜洗净，从中间切断，做出锯齿状边缘，去籽，制成金瓜盅。

❷ 将金瓜盅上笼蒸 5 分钟。

❸ 排骨斩小块，放到清水里，揉捏排骨把血水洗净，然后用清水冲洗净。放入容器中用料酒、食用油、盐、生粉、生抽、麻油拌匀，腌渍半小时。

❹ 然后再加入豉汁、蒜蓉、胡椒粉、糖拌匀，倒入盘子里。

❺ 蒸锅内入水，把盘子放入蒸锅，大火蒸 30 分钟后，转文火再蒸 20 分钟，出锅。

❻ 把蒸好的排骨盛入金瓜盅中，撒上红辣椒碎，再将金瓜盅放入锅中蒸 2 分钟即可。

腊肠炒荷兰豆

翠绿醒目 · 腊香浓郁

原料：广式腊肠 100 克，荷兰豆 300 克

调料：盐、料酒、食用油各适量

做法

❶ 腊肠切片，放入小碗，加料酒，上锅蒸熟。

❷ 荷兰豆择洗干净，焯水备用。

❸ 锅中将油烧至五六成热，倒入荷兰豆快速煸炒至没有生腥味，加盐、腊肠，调整好口味装盘。

健康食疗

荷兰豆能益脾和胃、生津止渴、和中下气、除呃逆、止泻痢、通利小便。经常食用，对脾胃虚弱、小腹胀满、呕吐泻痢、产后乳汁不下、烦热口渴均有疗效。对增强人体新陈代谢功能也有重要作用。

厨房心得

荷兰豆要保持色泽翠绿，则在焯水的时候，当水开了以后，先向水中撒放一点盐，再将荷兰豆放进沸水中，这样焯出来的荷兰豆可呈翠绿的色泽。

葱姜猪舌

香气浓郁 · 咸香美味

原料：猪舌1个，青椒、红椒各适量

调料：食用油、葱、姜、盐、胡椒粉、生抽、料酒、白醋、辣椒油各适量

健康食疗

这道菜有暖胃的作用，可用于治疗胃寒、心腹冷痛、因受寒而消化不良、虚寒性的胃溃疡等症。这道菜不仅具有很好的饮食药疗效果，而且还非常美味，可以作为冬天的一道家常菜。

做法

❶ 猪舌处理干净，放入加有料酒的沸水锅中汆水后捞出，稍凉后切片；姜去皮、洗净，切片；葱洗净，切小段；青椒、红椒均洗净，切片。

❷ 锅中入油烧热，入姜片爆香，加入猪舌不停翻炒。

❸ 调入盐、胡椒粉、生抽、辣椒油、白醋，加入葱段、青椒、红椒同炒片刻，起锅盛入盘中即可。

沙姜捞猪肚

色泽亮丽 · 口味鲜香

原料： 猪肚 1 个

调料： 油、料酒、生粉、盐、胡椒、生抽、白糖、红椒、沙姜、葱、大蒜各适量

做法

❶ 新鲜猪肚先用清水冲洗，然后用盐、料酒和生粉搓捏，最后再用清水冲洗。反复洗三次，猪肚洗净。

❷ 胡椒粒小火炒香，然后用刀面压碎，将胡椒碎粒塞进猪肚里，用针线缝住大口。

❸ 将猪肚放入高压锅里，添加清水和拍扁的生姜块，加少许盐和料酒，大火煲开，小火压煲 10 分钟左右。

❹ 高压锅煲好等完全自然卸压后，打开锅捞出猪肚，剪掉针线，猪肚里面的汤汁倒入锅内，汤则可以做汤底用。

❺ 剖开猪肚，用冷水冲洗胡椒渣粒，用预先备好的冰水浸泡，口感会更脆，然后斜刀切片。

❻ 沙姜、大蒜洗净切粒；葱洗净切段；红椒洗净切丝；将生抽、料酒和白糖按 1:1:0.5 的比例调成酱汁。

❼ 热锅注少许油，爆香沙姜粒、蒜粒、葱段和红椒，撒入酱汁翻炒几下，倒入猪肚片捞匀，置碟上即可。

胡椒苦肠煲

香味浓郁 · 风味独特

原料： 猪苦肠 500 克

调料： 花生油、沙姜、红椒、鸡精、生粉、生抽、料酒、胡椒、盐各适量

厨房心得

苦肠其实就是猪小肠，苦味的来源主要是小肠壁上消化液中含有胆汁的原因。

做法

❶ 新鲜猪苦肠先用清水冲洗，然后用盐、料酒和生粉搓捏，最后再用清水冲洗，反复洗三次，将苦肠洗净。

❷ 将洗净的苦肠切成 2 寸（6.6 厘米）长段，将沙姜洗净拍烂，胡椒用锅炒香，用刀压碎，红椒切丝。

❸ 砂锅内放水，把沙姜、胡椒，少许花生油，一起用大火煮开后再继续转小火煮10分钟。

❹ 放下猪苦肠然后开大火焖煮 15 分钟，放盐、鸡精、生抽调味，撒上红椒丝装饰即可。

生啫脆肠

香气四溢 · 脆嫩爽口

原料： 脆肠（猪生肠）500 克

调料： 甜椒 1个，盐、油、生抽、米酒、生粉、鸡精、姜、红头葱、蒜子各适量

健康食疗

脆肠（猪生肠）是猪内脏里最干净的肠，含有蛋白质、钙、脂肪等物质成分，具有补虚损、润肠胃、丰肌体的功效，口感爽脆，而且没有腥味。可以烧、炒、卤、铁板，也可以最简单地焯水蘸汁。

做法

1. 脆肠用盐加些米酒反复搓，清洗净，将脆肠斩6.6厘米长段，中间斩两连根刀，斩切好后，再放些盐搓洗，搓洗干净后捞出装盘。
2. 锅中加入清水烧开，倒入脆肠焯透，捞起冷水清洗，再捞出沥干水备用。
3. 甜椒、姜、蒜子清洗净，甜椒切片，姜切大块，红头葱剥皮洗净。
4. 煲仔里放油烧热，放入姜块、红头葱和蒜子爆香，放入脆肠翻炒均匀，撒上米酒炒匀，盖上盖子焗 5 分钟，加入甜椒，炒匀，继续盖 3 分钟。
5. 将生抽、生粉加水调匀，加入砂锅，烧开后，加盐、鸡精调味收汁即可。

三杯大肠

鲜香润口 · 营养丰富

原料： 猪大肠 500 克

调料： 食用油、盐、胡椒粉、八角、香叶、桂皮、姜片、冰糖、老抽、米酒各适量

做法

❶ 猪大肠处理干净，入沸水锅中汆水后捞出，八角、香叶、桂皮、姜片用纱布包好，制成香料包。

❷ 锅中注入适量清水烧开，放入香料包和汆水后的猪大肠，煮约 15 分钟后捞出，稍凉后大肠切段。

❸ 锅中入油烧热，放入大肠，再倒入一杯（30 毫升）老抽、一杯（30 毫升）米酒，注入适量清水烧开，调入盐、胡椒粉、冰糖，以小火煮约 1 小时。

❹ 以大火收干汤汁，起锅盛于盘中即可。

制作点睛：

猪大肠一定要仔细冲洗干净，否则会有异味，可将大肠放在淡盐醋混合溶液中浸泡片刻，摘去脏物，再放入淘米水中浸泡，然后在清水中轻轻搓洗两遍即可。

咸鲜味

受大众欢迎度 ★★★★★

滑蛋牛肉

肉鲜嫩滑 · 蛋香浓郁

原料：牛肉 200 克，鸡蛋 4 个

调料：植物油、盐、鸡精、料酒、生抽、香油、淀粉、白糖、胡椒粉、苏打粉各适量

制作点睛：

炒滑蛋牛肉，油的分量要稍多一些，还要往蛋液内加点清水，才能使炒蛋变得嫩滑多汁。无论是蛋液还是牛肉，下锅后不能用猛火来炒，应以小火炒至蛋液没有完全凝固、牛肉刚刚断生，才能做出最嫩滑的滑蛋牛肉。

做法 ↘

❶ 牛肉用刀背拍松，切成薄片，加料酒、生抽、鸡精、白糖、苏打粉、淀粉、少许清水、香油上浆腌渍 30 分钟。

❷ 鸡蛋打散，加入盐、胡椒粉、鸡精、1 茶匀香油、少许清水调匀备用。

❸ 炒锅中倒入植物油，烧至四成热时下牛肉片滑至八分熟，捞出。将滑好的牛肉倒入鸡蛋液中拌匀。

❹ 锅中留少许油烧至温热，倒入已拌匀蛋液的牛肉，边炒边加油，炒至蛋液还没完全凝固时关火，最后淋入香油炒匀，盛入盘中即可。

芥蓝滑牛肉

牛肉鲜嫩 · 芥蓝香脆

原料： 牛肉 200 克，芥蓝 150 克

调料： 淀粉、蚝油、鱼露、料酒、鸡精、精盐、生抽、红椒、食用油各适量

做法 ↘

❶ 芥蓝摘掉叶子，留着芥蓝茎部，将芥蓝洗净，用斜刀切成小片。红椒洗净切片。

❷ 将牛肉切片，调入适量淀粉、水、蚝油、料酒、生抽搅拌均匀腌渍 10 分钟。

❸ 锅烧热，倒入食用油烧热。放入腌渍好的牛肉煸炒至变色，加点鱼露炒匀即可盛出备用。

❹ 洗锅，热锅热油，先放入芥蓝片煸炒，一边煸炒一边加一点点水，炒出来的芥蓝既可保持鲜绿色，又口感爽脆。

❺ 炒至芥蓝七成熟，放入红椒片，翻炒，调入适量精盐和鸡精，加入煸炒过的牛肉快速翻炒即可盛盘。

茶树菇炒双柳

色彩鲜艳・口感丰富

原料： 牛肉100克，鱿鱼50克，新鲜茶树菇50克

调料： 食用油、姜、蒜、老抽、生粉、糖、生抽、蚝油、青椒、红椒各适量

制作点睛：

腌好的牛肉，炒前调入一勺食用油，拌匀，既能使油锁住肉里的水分，又能使炒出的牛肉更加嫩滑。

做法

❶ 牛肉洗净，切成粗条，调入生抽、老抽、糖、生粉和一点点清水拌匀，腌渍1小时，其间可数次取出搅拌一下，让牛肉充分吸收调料和水分。

❷ 鱿鱼处理干净，切粗条，焯水焯透，捞出沥干备用。茶树菇去根和杂质，清水冲洗干净沥干备用。蒜切片，姜切丝，青、红椒切大条，备用。

❸ 腌好的牛肉在炒之前，调入少许食用油，拌匀。炒锅里油烧至九成热，下牛肉，快速翻炒，至牛肉变色盛出。

❹ 锅里留底油，爆香姜蒜，倒入茶树菇和青、红椒，翻炒至断生，下牛肉和鱿鱼调入生抽、蚝油，翻炒均匀，出锅装盘即可。

潮州牛肉丸汤

浓而不腻 · 饱满滑弹

原料：牛肉丸 200 克，生菜 1 颗

调料：花生油、盐、味精、清汤、白糖、鸡精粉、麻油、生姜、香菜各适量

制作点睛：

牛肉丸在加热前，先用冷水泡一下，可增强其爽滑度；牛肉丸煮制时，宜用小火慢慢加热。

做法 ↘

❶ 生菜洗干净；生姜去皮切丝，香菜洗净，切段。

❷ 烧锅下花生油，待油热时放入姜丝炒香，注入清汤，烧开后下牛肉丸，用中火再次煮开。

❸ 加入生菜，煮至生菜断生，调入盐、味精、白糖、鸡精粉煮透，淋入麻油，撒上香菜即可。

葱烤海参蹄筋

色泽金黄 · 滑弹美味

原料： 水发海参200克，熟牛蹄筋200克，大葱白100克，上海青2棵，胡萝卜适量

调料： 鲜姜片、食盐、鸡汤、酱油、老抽、香醋、水淀粉、味精、花生油各适量

做法 ↘

❶ 把海参腹部切开，去除内脏洗净，切长条，放开水中焯透，捞出沥水；把熟牛蹄筋摘净小骨头，切粗长条。

❷ 将上海青摘洗干净，纵向用刀切成两半，用开水焯熟，在凉开水中过一下捞出沥水；胡萝卜洗净切薄片，把焯好的上海青菜摆盘，作为海参蹄筋的衬菜。

❸ 把大葱的葱白部分切长段，炒锅烧热，倒入花生油，当油温升至七成热时，放入大葱段，炸至浅黄色捞出葱段，把葱油倒入碗中。

❹ 锅里留底油，放入葱段、姜片煸炒出香，烹入一匙香醋，加入鸡汤、酱油烧开，捞出佐料，放入海参和牛蹄筋，放入炸好的葱白和胡萝卜片，微火煨煮至入味，加适量食盐、一小勺味精，加少许老抽调味，加水淀粉勾芡，淋入酱油后出锅，盛入盘中上海青菜围中即可。

杏鲍菇牛仔骨

牛肉多汁 · 爽滑可口

原料： 牛仔骨 300 克，杏鲍菇 150 克，圣女果适量

调料： 油、高汤、葱、盐、料酒、生抽、蚝油、糖各适量

健康食疗

杏鲍菇富含蛋白质、维生素、钙、镁、铜、锌等矿物质，与富含氨基酸的牛肉搭配，不仅香气逼人，更有补中益气、滋养脾胃之功效，是秋冬食补之佳品。

做法

❶ 将牛仔骨去掉筋膜，剁成 4 厘米长的块，冲去血水，用蚝油、料酒、盐、糖腌渍入味。

❷ 将杏鲍菇切 1 厘米见方丁，用七成热的油炸至金黄色，再用高汤加盐煨 20 分钟，沥水备用，葱切段。

❸ 净锅滑油，加入腌好的牛仔骨煎至八成熟，倒出备用。

❹ 另起锅入油煸黄葱段，下入牛仔骨、杏鲍菇、蚝油、生抽、糖，炒好装盘，圣女果洗净切成两半，摆上即可。

锅仔清汤牛腩

萝卜清甜 · 牛腩酥烂

原料： 牛腩 200 克，白萝卜 300 克，胡萝卜适量

调料： 香芹、姜、八角、盐、味精、胡椒粉、香油各适量

健康食疗

白萝卜清甜，吸收牛腩精华，不腻不柴，比牛腩还好吃。清汤牛腩里白萝卜饱吸浓郁的肉汤，肉汤浸透白萝卜的清甜，两者相辅相成。

做法

❶ 牛腩洗净，切大片，冷水下锅，旺火烧至大滚。倒掉水，冲干净表面血沫，备用。

❷ 白萝卜洗净，切滚刀块，香芹洗净切小段，胡萝卜洗净切片，姜洗净切片，备用。

❸ 焯好的牛腩及姜片、八角放入锅内慢炖，加水没过牛腩，高温慢炖 3 个小时左右。

❹ 加入白萝卜块，继续高温慢炖 1 个小时，去八角和姜片，加入胡萝卜片。

❺ 至牛腩和萝卜熟烂时，加入盐、胡椒粉和味精调味，把铁锅温热后将牛肉、萝卜移入铁锅中，撒上香芹段，滴上几滴香油即可。

韭花炒黄喉

爽口小菜·滑嫩清鲜

原料： 黄喉、韭菜花各180克

调料： 红米椒少许，盐、食用油、生抽、辣椒油、料酒各适量

做法

❶ 黄喉洗净，切条，加料酒腌渍；韭菜花洗净，切段；红米椒洗净，切圈。

❷ 锅中入油烧热，入红米椒炒出香味，放入黄喉爆炒片刻。

❸ 加入韭菜花同炒至熟，调入盐、生抽、辣椒油炒匀，起锅盛入盘中即可。

制作点睛：

火候油温要掌握适宜，翻炒时动作要快。

健康食疗

这道菜中除了富含钙、磷、铁、蛋白质和维生素等多种营养物质外，还含有大量纤维，能增强胃肠的蠕动能力，加速排出肠道中过剩的营养及多余的脂肪。

萝卜煲羊排

香味浓郁 · 暖心暖胃

原料： 羊排 350 克，白萝卜 200 克

调料： 食用油、盐、胡椒粉、料酒、老抽、八角、香叶、花椒、姜片、干红椒各适量

健康食疗

白萝卜能抗癌、养胃而且益气，特别适合冬天食用，尤其是炖羊肉的时候加上，还可以解油腻。萝卜皮含钙丰富，最好不要去掉。尤其在寒冷的冬天，做上一锅萝卜煲羊排，吃完暖身驱寒。

做法

❶ 羊排洗净，剁成段，入沸水锅中汆去血水后捞出；白萝卜洗净，切块；八角、香叶、花椒、姜片、干红椒用纱布包好，制成香料包。

❷ 砂锅中入油烧热，放入羊排煎片刻，注入适量清水以大火烧开。

❸ 放入香料包，调入盐、胡椒粉、料酒、老抽拌匀，盖上锅盖，以小火煲煮 15 分钟。

❹ 加入白萝卜，续煲 15 分钟后，去除香料包，起锅盛入碗中即可。

第六章

清淡养生菜

粤菜素来讲求原汁原味，在味道上注重清淡，崇尚自然本色，清中有鲜，淡中有咸；同时在食材和烹饪上，注重健康饮食和养生，而且选料广博，味美色鲜，菜式丰富。现在蔬菜、菌菇和豆类越来越受人欢迎，是因为蔬菜、菌菇、豆制品中含有丰富的维生素和矿物质，已经成为人类不可缺少的食物种类。

豉汁蒸山药

山药软糯 · 豉香四溢

厨房心得

豉汁蒸山药是一种新的尝试，味道非常独特。这道菜烹制时不需再加盐，因为生抽和豉汁都比较咸。

原料：山药 500 克，西蓝花 150 克

调料：食用油、盐、生抽、香油、豉汁各适量

做法

1. 将山药去皮，洗净，切成厚片，放入清水浸泡；西蓝花掰成小朵，放入淡盐水中浸泡 30 分钟。
2. 锅中入适量清水烧开，加入几滴食用油和少许盐，放入西蓝花焯水，摆盘。
3. 把山药捞出，沥干水分，加生抽拌匀，倒入空盘中。
4. 将备好的山药放入蒸锅中蒸约 15 分钟后取出，盛入装有西蓝花的盘中，浇上豉汁、香油，再蒸 2 分钟即可。

咸鲜味

受大众欢迎度 ★★★★☆

铁板客家豆腐

鲜嫩滑润 · 口味鲜美

原料：豆腐2块，绞肉100克，虾仁、鲜鱿鱼各50克，酸菜适量

调料：油、盐、胡椒粉、料酒、淀粉、生抽、高汤、红辣椒圈、鸡精、蒜苗各适量

做法

1. 将绞肉倒入盆中，加入淀粉、盐、胡椒粉搅拌均匀，腌渍半小时。
2. 鱿鱼去内脏，去黑膜，洗净切段；虾去壳、去头洗净；酸菜切碎；蒜苗洗净切段备用。
3. 豆腐洗净，切四方小块，中间挖小孔，酿入肉馅，下油锅煎至两面金黄，入高汤、鸡精、盐煮沸，大火煮开，收汁，出锅备用。
4. 另热油锅，入酸菜煸炒出香味，入盐、鸡精调味，加入蒜苗翻炒均匀，出锅备用。
5. 取铁板烧热，放上一张锡纸，再铺上炒好的酸菜，把煮好的豆腐摆入，浇炖豆腐的汤汁。
6. 再热锅，入少许油，入鱿鱼、虾仁翻炒片刻，料酒爆锅，入盐、生抽、鸡精调味，用淀粉勾薄芡，出锅盛入铁板豆腐上，放红辣椒圈点缀即可。

石锅海胆豆腐汤

汤汁鲜美 · 口感嫩滑

原料：内酯豆腐2块，海胆黄、胡萝卜、菜梗、鱼子酱各适量

调料：食用油、盐、鱼露、高汤、香油各适量

厨房心得

海胆黄容易自溶。海胆捕捞出水后，在空气中放置半日至一日，海胆黄即可能发软变质，不能食用。所以，从海中捕捞的海胆，要么即时吃，要么放置在容器内的海水中保存，即食即取。

做法

1. 豆腐切成大块，放入锅内加水煮沸，捞出晾凉，切成小方丁；胡萝卜去皮洗净，切跟豆腐一样大小的丁；菜梗洗净，切粒。
2. 石锅内入高汤，放入豆腐、胡萝卜，大火烧开。
3. 加入海胆黄、菜梗，改小火炖10分钟，入盐、鱼露调味，放上鱼子酱，淋上香油即可。

瑶柱上汤百叶煲

色泽鲜艳 · 口味清香

原料：瑶柱（干贝）50克，百叶（千张）200克，上海青2棵，绞肉200克，荸荠100克，虾仁15克，鲜香菇80克

调料：色拉油、黄酒、盐、胡椒粉、高汤、姜汁、酱油、淀粉各适量

做法

1. 荸荠去皮洗净，拍碎；虾米浸水1小时后取出剁碎；香菇泡清水2小时后取出，去蒂切碎；全部加在绞肉中，加胡椒粉、盐、黄酒、色拉油拌匀，腌渍一会儿。
2. 将干贝洗净，加温水上屉蒸20分钟，回软后用手碾成丝备用。
3. 千张皮一张，铺开，取约2大匙肉馅铺匀在其上，以一角对折起再折，然后左右两角向内折起，再包卷成5厘米长段成一枕形包。
4. 全部包好后排列在煮锅内，再加进高汤、姜汁及盐、酱油同以小火慢煮10分钟。
5. 上海青洗净，一开四。另取一锅烧开水，加入少许盐，放入上海青焯熟，捞出摆盘。
6. 把煮好的百叶包，捞出排入摆好上海青的盘中，放上蒸好的瑶柱丝。
7. 煮过的百叶包加入高汤、少许胡椒粉，淀粉勾薄芡浇在菜上即可。

酿豆腐苦瓜煲

甘凉微苦 · 清热解毒

原料：苦瓜1根，白豆腐1块，肉馅100克，草菇、胡萝卜各适量

调料：油、普宁豆酱、高汤、盐、胡椒粉、生抽、酱油、味精、料酒、香油、芹菜各适量

做法

1. 肉馅加入生抽、胡椒粉、盐，朝一个方向搅拌均匀，分次加入适量清水，继续朝一个方向搅拌至上劲，盖保鲜膜入冰箱冷藏腌渍1小时以上。
2. 苦瓜洗净、切段、去瓤，肉馅取出酿入苦瓜，水开后入蒸锅，上气后转中火蒸约10分钟。
3. 豆腐洗净、切块，豆腐一侧戳破后，把肉馅酿入豆腐内。油锅烧热，入豆腐块煎至两面金黄捞出。
4. 草菇洗净、切片焯水；胡萝卜洗净、切花刀焯水；芹菜洗净、切小段，备用。
5. 起净锅，入高汤大火烧开，加入盐、味精、料酒、酱油调味，放入煎好的酿豆腐、草菇、胡萝卜大火熬煮5分钟，放入酿好的苦瓜、芹菜、普宁豆酱，淋上香油即可。

肉酿苦瓜

微苦鲜香 · 清淡爽口

原料：苦瓜1根，猪肉100克

调料：食用油、盐、白糖、生粉、淀粉、料酒、酱油、生抽、蚝油、红椒碎各适量

健康食疗

此道菜有清热解毒、明目败火、开胃消食之效，且因为它是蒸菜，吃了还可以暖胃益气。

咸鲜味

受大众欢迎度 ★★★★★

做法

① 苦瓜洗净、去蒂，切成段，放入盐水中浸泡5分钟。

② 猪肉洗净，剁成肉末，加入红椒碎、生抽、料酒、生粉搅拌均匀，腌渍片刻。

③ 将调好的肉酱酿入苦瓜中，入蒸锅蒸约20分钟。

④ 另置一锅，倒入蒸酿苦瓜剩下的汁，加蚝油、酱油、白糖煮开后，调入少许淀粉煮至汤汁黏稠，浇在蒸好的酿苦瓜上即可。

蒜蓉蒸丝瓜

清香诱人·清淡可口

原料：丝瓜 1 根

调料：蒜头 2 个，红椒碎、食用油、盐、鸡精、淀粉、生抽各适量

健康食疗

丝瓜中含的维生素 B_1 能防止皮肤老化，维生素 C 能增白皮肤、保护皮肤、消除斑块，使皮肤洁白、细嫩。

做法

1. 蒜头去衣洗净，捣蓉；丝瓜去皮，切成 3 厘米厚的斜片。
2. 锅内放油，油热后放入蒜蓉、红椒碎，爆香后盛出。然后加盐、鸡精、淀粉、生抽拌匀。
3. 丝瓜入盘摆好，拌匀的蒜蓉放丝瓜上，入锅蒸 6 ~ 8 分钟即可。

鲍汁西蓝花

色彩碧绿 · 脆嫩爽口

原料：西蓝花 200 克

调料：食用油、盐、鲍汁、生抽、生粉各适量

制作点睛：

西蓝花入锅焯水时，放少许油可以令其颜色保持翠绿。西蓝花焯水的时间不宜过长，否则会影响口感。

做法

1. 先将西蓝花用淡盐水泡半小时，然后掰成小朵，洗净，备用。
2. 锅置火上，注入适量清水烧开，放入少许油和盐，加入西蓝花焯熟后捞出，盛入盘中。
3. 将鲍汁兑适量清水、生粉、生抽，入锅煮开后，淋在西蓝花上即可。

西红柿菜花煲

酸甜美味 · 口味清淡

原料：菜花 300 克，西红柿 1 个

调料：蒜苗、蒜粒、食用油、盐、鸡精、高汤、香油各适量

厨房心得

菜花虽然营养丰富，但常有残留的农药，还容易生菜虫。所以在吃之前，可将菜花放在盐水里浸泡几分钟，菜虫就跑出来了，还有助于去除残留农药。

做法

1. 西红柿洗净，快速焯水去皮，切块；蒜苗洗净，切段；菜花掰成小块，冲洗 2 遍后用淡盐水浸泡 15 分钟，再冲洗沥干，焯水备用。
2. 取煲仔置炉上，倒入少许油，放入蒜粒，将焯好的菜花摆入，加适量高汤烧开。
3. 转小火煲至入味，摆西红柿和蒜苗段，加点盐、鸡精调味，淋上香油即可。

鸡汁黄金笋

鲜嫩清香·回味无穷

原料：竹笋300克

调料：食用油、盐、鸡汤、胡椒粉、香油各适量

健康食疗

竹笋具有低脂肪、低糖、多纤维的特点，含有丰富的蛋白质、氨基酸以及各种微量元素。鸡汤是传统的滋补佳品。两者搭配既含有人体所需的各种营养成分，又不会摄入太多脂肪和胆固醇，好吃又营养。

做法

1. 竹笋去壳洗净，切段焯水。
2. 起锅入油烧热，下竹笋翻炒片刻，倒入鸡汤，一同焖煮至入味。
3. 调入盐、胡椒粉、香油拌匀，装盘即可。

厨房心得

在食用笋时，应将它烧熟煮透，若用笋片、笋丁炒菜，也要先把笋用开水烫5～10分钟，然后再配其他食物炒食。

鸡汤蛋白浸木瓜

细腻滑嫩 · 汤质鲜美

原料：鸡蛋4个，魔芋粉150克，木瓜、丝瓜各适量

调料：食用油、盐、鸡汤、味精、胡椒粉、香油各适量

健康食疗

魔芋含淀粉35%，蛋白质3%，以及多种维生素和钾、磷、硒等矿物质元素，魔芋的营养保健作用就是发挥膳食纤维对营养不平衡的调节作用，如减肥通便、降血脂、降血糖等。

做法

1. 丝瓜洗净，切片；木瓜去皮、去籽，切块；魔芋粉洗净控干。
2. 鸡蛋取蛋白。油锅烧热，倒入蛋白炒至蛋白凝固，捞出备用。
3. 净锅上火入鸡汤，入盐、味精，放入魔芋粉煮开，依次入丝瓜、木瓜、蛋白盖锅浸熟，调入胡椒粉，点上香油即可。

制作点睛：

浸制菜肴时，汤水需淹没原料，且要根据原料的大小、多少和易熟程度来控制水温的高低和时间的长短。

浓汤竹荪云耳

清淡营养 · 口感细滑

原料：竹荪4朵，黑木耳30克，魔芋粉条100克，胡萝卜、上海青各适量

调料：盐、白糖、胡椒粉、高汤、淀粉各适量

做法

1. 黑木耳用温水泡发，洗净；竹荪用清水泡30分钟，去掉网状伞盖、根部和膜衣，洗净切成适当的长段；魔芋粉条洗净，沥干；胡萝卜洗净，切片；上海青洗净，一开四。
2. 起锅入水，烧开加少许盐，放入上海青焯水，焯好后捞出摆盘；胡萝卜焯水备用。
3. 另取一锅，加入高汤、盐和少许白糖，煮开，下竹荪煨几分钟，再依次下魔芋粉条、黑木耳浸烫几分钟。
4. 将煨至入味的食材捞出，装入摆好上海青的盘中，摆上胡萝卜装饰。
5. 将煮过竹荪的高汤加少许胡椒粉，用淀粉勾薄芡浇在菜上即可。

健康食疗

竹荪富含胶质纤维，能刮油，而减少腹壁脂肪的积累，起到减肥作用。同时，有通肠防便秘之功，对细菌性肠道炎、老年人结肠病有特殊功效。

煎酿金钱菇

香滑鲜美 · 风味独特

原料：金钱菇 80 克，上海青 4 棵，猪绞肉 150 克

调料：油、太白粉、鸡汁、白糖、胡椒粉、料酒、蒜末、姜末、盐、红辣椒碎各适量

做法

❶ 将上海青洗净，切开；金钱菇泡发，去蒂，洗净，焯水后沥干水分。

❷ 将猪绞肉、姜末、蒜末、红辣椒碎混合均匀成肉馅，搅拌至黏稠，备用。

❸ 将泡发好的金钱菇涂上一层太白粉，填上肉馅，并在肉馅上也涂上一层太白粉。

❹ 取一锅水煮至沸腾，加入少许油，将上海青放入汆烫至熟，捞起置于盘中。

❺ 锅烧热放适量色拉油，将填好肉馅的金钱菇肉面朝下入锅煎至上色，再翻面煎熟后盛入放有上海青的盘中。

❻ 净锅置火上，调入盐、白糖、胡椒粉、料酒、鸡汁，用小火煮约 5 分钟成味汁，再以太白粉水勾芡后，出锅浇菜上即可。

鲜香味

受大众欢迎度 ★★★★☆

芥蓝冬菇

鲜美香浓 · 造型美观

原料： 虾仁100克，冬菇5朵，芥蓝200克

调料： 食用油、盐、白糖、淀粉、蚝油、料酒、生抽各适量

厨房心得

搅肉的时候，也可以加蛋清。调汁的时候，如果不喜欢稠稠的汤汁，可以不加淀粉。冬菇一定得挑朵饱满点的。

做法

1. 虾仁洗净，剁成肉糜，并加入料酒、淀粉、白糖搅拌均匀，腌渍半小时；冬菇洗净，去蒂；芥蓝摘叶去老梗，洗干净，在芥蓝梗上切斜刀，焯水备用。
2. 起锅热油，倒入芥蓝翻炒片刻，入盐、白糖调味，出锅装盘。
3. 将虾肉馅填入冬菇，压紧，蒸锅内加水烧开，放入摆好冬菇的盘子，加盖大火蒸10分钟，把蒸好的冬菇移到芥蓝上，摆好。
4. 再将油锅烧热，倒入蒸冬菇的汤汁，加入蚝油、生抽、淀粉调匀，淋入蒸好的冬菇上即可。

干锅什菌

色泽红亮 · 干香润滑

原料：茶树菇、香菇各 150 克

调料：食用油、蚝油、酱油、黄酒、味精、白糖、辣椒酱、蒜苗、香芹、彩椒、干辣椒各适量

做法

1. 茶树菇、香菇洗净，沥干；香芹、蒜苗洗净，切段；干辣椒洗净，切小段；彩椒切粗长条。
2. 取碗，碗中先放入蚝油、酱油，再放入味精、白糖和黄酒搅匀做调味汁，备用。
3. 炒锅上火烧热，入油，下干辣椒、茶树菇、香菇煸炒至微黄时加入适量辣椒酱继续煸炒。
4. 炒至出香味时烹入调味汁用旺火炒匀，然后先倒入彩椒煸炒数下，再放入香芹、蒜苗煸炒。
5. 把汤汁用旺火煸炒至干，使汤汁彻底吸附在菌菇上。
6. 将蒜苗铺在干锅底，将炒锅里的材料全部移入干锅内烧开即可。

厨房心得

干茶树菇需要先用温水浸泡 10 分钟，再用清水洗净。

彩椒羊肚菌

色彩分明 · 味道鲜美

原料： 羊肚菌 200 克，彩椒适量

调料： 食用油、高汤、味精、盐、米酒、淀粉各适量

健康食疗

羊肚菌是治疗消化不良，痰多气短的良好中药，它还具有强身健体、预防感冒，增强人体免疫力的功效。

做法

1. 羊肚菌洗净，以沸水烫熟后，以冷水冷却后捞出，沥干水分；彩椒洗净，切大块。
2. 锅内加油烧至五分热，放入羊肚菌快炒片刻捞出，沥去油。
3. 原锅入少许油烧热，放入彩椒块煸炒片刻，加入羊肚菌、高汤、盐、米酒，煮沸后入味精调味，再用淀粉勾芡，装盘即可。

铁板金菇

细滑鲜嫩 · 香气四溢

原料： 金针菇 250 克，牛肉 100 克，胡萝卜 1 根

调料： 油、葱、蒜、盐、生抽、蚝油、淀粉、白糖、香油、红椒各适量

厨房心得

放上锡纸后切记不要先放油，要放上食材后再放油，不然铁板太热的话可能会着火的！

做法

1. 金针菇洗净，用热水汆烫后，沥干水分捞出；胡萝卜洗净，切丝焯水；红椒洗净，切条；葱洗净切葱花；蒜去衣，拍碎。
2. 牛肉洗净，切薄片，加入生抽、淀粉、油腌渍 10 分钟。
3. 油锅烧热，下蒜爆香，放入牛肉翻炒，再放入红椒、金针菇、胡萝卜丝翻炒至红椒丝断生。放盐、蚝油、白糖调味，淀粉勾薄芡，出锅。
4. 把铁板置火上烧热，放上一张锡纸，再放上炒好的金针菇，淋香油，撒上葱花即可。

咸蛋黄茶树菇

膨松鲜嫩 · 咸香酥糯

原料： 咸蛋2个，鸡蛋1个，茶树菇300克

调料： 食用油、盐、白糖、鸡精、干淀粉各适量

食物相克

咸鸭蛋不宜与甲鱼、李子同食。

做法

1. 茶树菇剪去根部洗净，切长段，放入沸水中焯一下，捞出沥干水分；鸡蛋打成蛋液；咸蛋取蛋黄放入碗中蒸熟，然后把咸蛋黄碾碎加少许清水调匀，备用。
2. 把沥干的茶树菇倒入盆中，加入蛋液，再加入干淀粉拌匀。
3. 起锅入油，待油温七成热时下茶树菇，炸至金黄捞出沥油。
4. 锅内留少许油，下咸蛋炒散，调入盐、白糖、鸡精炒匀，下炸好的茶树菇与咸蛋黄拌炒均匀即可。

荷塘月色

色彩鲜艳 · 清脆适口

原料：莲藕150克，荷兰豆、黑木耳、鲜百合、彩椒各适量

调料：油、盐、水淀粉、味精、白糖、白醋各适量

制作点睛：

加点白醋可以防止氧化，翻炒时间不宜长，1～2分钟就行，否则影响口感。此外，百合易熟，不要焯水，炒制时间也不宜过长。

做法

1. 莲藕洗净，去皮，切片，放清水中浸泡；黑木耳泡发，洗净；荷兰豆去老筋，洗净；彩椒洗净，切菱形片；鲜百合掰成片，洗净，沥干水分备用。
2. 锅放水，加盐和少许油，倒入黑木耳、荷兰豆焯水，出锅沥干水分。
3. 锅烧热入少量油，放莲藕翻炒，加入黑木耳、荷兰豆、百合、彩椒稍炒，加盐、味精、白糖、白醋调味，用水淀粉勾芡后出锅即可。

杏鲍菇炒甜玉米

色泽金黄 · 鲜美可口

原料：玉米粒 150 克，杏鲍菇、胡萝卜、黄瓜各适量

调料：食用油、盐、蚝油各适量

制作点睛：

胡萝卜富含维生素 A，而维生素 A 属于脂溶性的，所以要先放。

甜香味

受大众欢迎度 ★★★★☆

做法

1. 玉米粒洗净；杏鲍菇、黄瓜均洗净，切丁；胡萝卜去皮，洗净、切丁。
2. 油锅烧热，下胡萝卜翻炒片刻，加入玉米粒翻炒 1 分钟。
3. 放入杏鲍菇，加一勺盐翻炒至杏鲍菇变软。
4. 下黄瓜，继续翻炒至黄瓜断生，入蚝油调味，大火翻炒均匀即可。

鲜核桃炒百合

清鲜脆香 · 养发润燥

原料： 鲜核桃仁4个，百合50克，黑木耳30克，胡萝卜适量

调料： 香芹、食用、白糖、淀粉、蘑菇粉、生抽各适量

健康食疗

关于核桃仁的食用量，一般认为每天吃5～6个核桃，约20～30克核桃仁为宜。吃得过多，会生痰、恶心。此外，阴虚火旺者、大便溏稀者、吐血者、出鼻血者应少食或禁食核桃仁。

做法

1. 将鲜核桃仁洗净；香芹摘叶洗净，切段；胡萝卜洗净，切花刀；黑木耳泡发，洗净；百合去除根蒂，剥开成片状洗净，备用。
2. 清水烧开，放入香芹、百合、胡萝卜、鲜核桃仁和黑木耳焯水出锅，控干水分。
3. 另起炒锅放入少许油，放入飞过水的黑木耳、百合、胡萝卜、鲜核桃仁翻炒片刻，入香芹翻炒。
4. 调入盐、蘑菇粉、白糖、生抽炒拌均匀，加入淀粉勾薄芡，出锅装盘即可。

咸鲜味

受大众欢迎度 ★★★★☆

芥胆炒木耳

淮山软糯 · 木耳爽口

原料：黑木耳100克，芥胆50克，淮山50克，胡萝卜适量

调料：食用油、盐、白糖、碱水、味精各适量

健康食疗

这道菜对肠胃热重、熬夜失眠、虚火上升，或因缺乏维生素C而引起的牙龈肿胀出血，有很好的辅助疗效。

做法

1. 芥胆用少许碱水焯过，放入清水中漂去碱味，捞起沥干水。
2. 胡萝卜洗净，切片；黑木耳泡发，洗净；淮山去皮，滚刀切块，焯水至八成熟，捞出备用。
3. 油锅烧热，放入黑木耳翻炒，加入胡萝卜、淮山、芥胆继续翻炒，调入盐、白糖、味精炒匀即可。

生炒水东芥菜

爽脆可口 · 鲜甜味美

原料： 水东芥菜 250 克，猪肥肉 50 克

调料： 盐、大蒜、蚝油、鸡精、生粉、红椒各适量

健康食疗

水东芥菜，爽脆可口、质嫩无渣、苦中带甘，有很高的营养价值。主治小便不利、咳血、牙龈肿痛、喉痛声哑、痔疮肿痛等病症，其所含维生素 C 是大白菜的两倍多，含钙量更是蔬菜中最高的。

做法

1. 水东芥菜去叶留梗洗净，斜切成段；红椒洗净，切成菱形状；肥肉洗净，切片；大蒜去衣，拍碎。
2. 净锅烧热，放入肥肉煸炒出油，炒至肥肉干脆微黄（即油渣），捞出备用。
3. 锅内留油，入蒜爆香，加入红椒翻炒片刻，加入水东芥菜快速翻炒至断生。
4. 加入炒好的油渣，入蚝油、鸡精、盐调味，生粉兑水勾芡拌炒均匀，出锅去蒜子即可。

南瓜香芋煲

浓稠软糯 · 口感细滑

原料：南瓜150克，香芋150克，新鲜芡实100克，百合适量

调料：高汤、盐、白糖各适量

做法

1. 香芋、南瓜去皮切丁块；新鲜芡实洗净，百合去根蒂掰成片，焯水备用。
2. 起锅加入高汤，把芡实放入锅大火煮开后，转小火煮至芡实变软糯。加入香芋，大火煮，当香芋熟透，加入南瓜，继续煮5分钟，至南瓜熟透。
3. 调入盐、白糖调味，撒上百合即可。

厨房心得

干芡实，先浸泡，再用慢火煲久煮。新鲜芡实就不用煮太久。如果喜欢口味浓郁的可以加淡奶调味。

健康养生煲

口感细腻 · 糯软清香

原料：马蹄300克，香芋200克，南瓜100克

调料：香芹粒、红辣椒碎、鲜奶、白糖、盐、高汤各适量

做法

1. 香芋、南瓜去皮切丁块；马蹄洗净，去皮，备用。
2. 砂锅加入高汤，把香芋块、南瓜块、马蹄放入锅中大火煮开后，转小火煮至变软糯。
3. 倒入鲜奶煮开，加入盐、白糖调味，撒上香芹粒、红椒碎即可。

健康食疗

马蹄可清肺热，又富含黏液质，有生津润肺、化痰利肠、通淋利尿、消痈解毒、凉血化湿、消食除胀的功效。

健康南瓜盅

造型美观 · 香甜可口

原料：小南瓜 1 个，大米 30 克，百合 50 克，马蹄 80 克

调料：香芹、盐、淡奶油、味精、清汤、椰汁各适量

食物相克

南瓜与螃蟹、鳝鱼、带鱼同食易中毒；与鹿肉同食可导致死亡；南瓜不宜与羊肉、虾同食，也不宜与富含维生素 C 的食物同食。

做法

1. 小南瓜洗净，削去顶部，做出锯齿状边缘，去籽，制成南瓜盅。
2. 将南瓜盅上笼蒸 5 分钟。
3. 鲜百合洗净，沥干水分；马蹄洗净，去皮；香芹洗净，切细丁。
4. 用适量椰汁、淡奶油、清汤将马蹄、大米煮至黏稠，加入百合并用盐、味精调味。
5. 把搅拌均匀的马蹄、百合盛入南瓜盅中，撒上香芹丁。
6. 将南瓜盅放入锅中蒸 2 分钟即可。

咸鲜味

受大众欢迎度 ★★★★☆

瑶柱金菇茄子煲

鲜甜可口 · 风味独特

原料： 茄子 250 克，金针菇 100 克，瑶柱（干贝）50 克

调料： 食用油、盐、生粉、高汤、生抽、白糖、蒜子、葱花各适量

厨房心得

将茄子用少许盐腌渍一会儿，这样油炸的时候茄子不吸油，也不费油。

做法

1. 金针菇洗净，用热水氽烫后，捞出沥干水分，切段；将干贝洗净，加温水上屉蒸 20 分钟，回软后用手碾成丝；茄子去皮洗净，切粗长条，撒上一层生粉。
2. 油锅烧热，下茄子入锅中炸至金黄，沥干油，备用。
3. 砂锅中加入少许油，放入蒜爆香，加入茄子、金针菇、干贝丝，加入没过茄子一半的高汤，煮入味。
4. 加适量白糖、盐、生抽调味调色，少许生粉勾薄芡、撒上葱花即可。

方鱼炒芥蓝

色泽碧绿 · 口味鲜香

原料：方鱼 30 克，芥蓝 300 克

调料：食用油、盐、白糖、鱼露、料酒、湿淀粉、蒜各适量

健康食疗

芥蓝中含有机碱，能刺激人的味觉神经，增进食欲，还可加快胃肠蠕动，有助消化。还含有大量的膳食纤维，能防止便秘，降低胆固醇，软化血管，预防心脏病等功效。

做法

1. 方鱼洗净，去头尾及鱼骨，剪成小块，放热油中炸至金黄色沥起；蒜头拍成小片。
2. 芥蓝洗净，烧滚水半锅，加入盐、白糖及油 1 汤匙，放入芥蓝焯软，沥干待用。
3. 油锅烧热，下蒜片及芥蓝，加入方鱼炒匀，调入少许盐、白糖、料酒和鱼露调味，用湿淀粉勾芡收汁出锅，摆盘即可。

制作点睛：

方鱼炸至金黄色即可捞起，凉透即脆。如炸得太久，方鱼会有苦味。芥蓝有苦涩味，炒时加入少量白糖和料酒，可以改善口感。

咸鲜味

受大众欢迎度 ★★★★☆

虾干香菇炒芥蓝

干香咸鲜 · 清脆爽口

原料：芥蓝300克，虾干、干香菇、猪肥肉各50克

调料：盐、白糖、料酒各适量

做法

1. 干香菇泡发洗净，撕碎；虾干用温水洗净；芥蓝洗净，剥去老叶，焯水捞出过凉水，沥干；肥肉切片。
2. 起锅烧热，放入肥肉，煸炒至肥肉微黄，放芥蓝翻炒片刻，再放入香菇片、虾仁炒拌均匀。
3. 加盐、白糖和料酒调味，出锅装盘即可。

健康食疗

番薯叶，也叫红薯叶，含有丰富的蛋白质、脂肪、碳水化合物、纤维以及各种微量元素。番薯叶具有增强免疫，提高机体抗病能力，促进新陈代谢，降血糖等良好的保健功能。

蒜香番薯叶

蒜香浓郁 · 鲜嫩爽口

原料：番薯叶300克

调料：大蒜、食用油、盐、生抽、味精各适量

做法

1. 将番薯叶摘洗干净，沥干水备用；大蒜剥成瓣。
2. 油锅烧热，下蒜瓣炸香，下番薯叶大火快速翻炒，至番薯叶断生，调入盐、生抽、味精炒匀，装盘即可。

上汤南瓜苗

味道鲜美 · 营养丰富

原料：南瓜苗 200 克，猪肉馅 50 克，皮蛋 2 个，枸杞适量

调料：食用油、蒜末、姜丝、盐、味精、高汤各适量

做法

1. 皮蛋去壳，切小块；南瓜苗撕去筋膜、折段，洗净沥干；枸杞洗净备用。
2. 油锅烧热，入蒜末、姜丝碎炒香，倒入肉馅翻炒片刻，加入适量高汤，放入皮蛋，待高汤烧开。
3. 下南瓜苗，烫至南瓜苗断生，放枸杞，然后调入盐和味精，拌匀即可。

咸鲜味

受大众欢迎度 ★★★★☆

健康食疗

南瓜苗富含叶绿素及多种人体必需的氨基酸、矿物质和维生素等。常食之，对糖尿病、动脉硬化、消化道溃疡等多种疾病均有一定的疗效。

酸甜味

受大众欢迎度 ★★★★★

健康食疗

萝卜皮富含萝卜硫素，为十字花科蔬菜里最有益健康的化合物之一，可促进人体免疫机制，激发肝脏解毒酵素的活性，可保护皮肤免受紫外线伤害。

老醋萝卜皮

酸甜爽口 · 开胃生津

原料：白萝卜 2 根

调料：红椒、陈醋、盐、白糖、香菜各适量

做法

1. 将白萝卜切去头尾，洗净；红椒洗净，切片；香菜洗净。
2. 用刀将白萝卜皮削下来，放进碗里。
3. 将陈醋倒入装有白萝卜皮的碗中，加入红椒片、香菜，调入盐、白糖拌匀，腌渍 10 分钟即可食用。

第七章

广式老火靓汤

俗语说：“宁可食无菜，不可食无汤。”更有“不会吃的吃肉，会吃的喝汤”的说法。一口砂锅，数十种汤料，一大块猪骨瘦肉或者数条鱼、一整只鸡，再来些章鱼、瑶柱、鲍鱼、螺片之类，加上数小时慢火煲炖，一碗热气腾腾、汤汁浓稠、味道甘甜的靓汤，常常使人垂涎三尺。劳累了一天之后，喝上一碗滋味鲜香的汤，让人惬意不已。

老火靓

俗话说，“唱戏的腔，厨师的汤”，制汤作为烹调常用的调味品之一，其质量的好坏不仅会对菜肴的美味产生深远的影响，而且对菜肴的营养更是起到不可缺少的作用。

制汤就是把蛋白质、脂肪含量丰富的食材，放入清水锅中煮制，使蛋白质和脂肪等营养素溶于水中成为汤汁，用于烹调菜肴或制作汤羹菜肴使用。

四大名菜川、粤、鲁、苏都讲究做汤。各个菜系在选材、煲制功夫上各有千秋，但是中国最正宗的汤品文化还是广东的老火汤。广东人所谓的老火汤，特指熬制时间长、火候足，既取药补之效，又取之入口甘甜味的鲜美汤水。传统上是用瓦罐老煲，水开后放进汤料煮沸，将火调小，慢慢熬制而成。另外，他们对炊具的使用也非常讲究，多采用陶煲、砂锅、瓦锅为煲煮的容器，沿用着传统的独特烹调方法，既保留了食材的原始真味，汤汁也比较浓郁鲜香，滋补身体的同时，又有助于消化吸收。

老火汤的汤料品种繁多，可以是肉、蛋、海鲜、蔬菜、干果、粮食、药材等，不同的材料会有咸、甜、酸、辣等不同的味道。广东的老火汤种类繁多，有滚烫、煲汤、炖汤、煨汤、清汤等，可以熬、滚、煲、烩、炖。所谓的“三煲四炖”，就是煲汤需要3小时，炖汤需要4～6小时，这样才能保证汤的原汁原味。

煲汤的八大秘诀

餐桌上有碗热气腾腾的鲜汤，常使人垂涎欲滴，特别是在冬春季，汤既能助人取暖，又能使人的胃口大开。可煲汤并不是简单地把所有煲汤的食材放入汤煲内加入足够的水，煲制几小时就可以了。要煲出一碗滋味鲜香、营养丰富的好汤是有讲究的。

选材要得当

煲制各种汤汁，如清汤、奶汤等均要用鸡、鸭，但用老母鸡、老公鸭为宜；其他如猪瘦肉、猪肘子、猪骨、猪排、板鸭、鱼类等，必须鲜味足、异味小、血污少；火腿蹄子、火腿棒骨等选颜色鲜艳、红白分明、无异味的为佳。

炊具要讲究

瓦罐是由不易传热的石英、长石、黏土等原料配合成的陶土，经过高温烧制而成。其通气性、吸附性好，还具有传热均匀、散热缓慢等特点。煨制鲜汤时，瓦罐能均衡而持久地把外界热能传递给内部原料，相对平衡的环境温度，有利于水分子与食物的相互渗透，这种相互渗透的时间维持得越长，鲜香成分溢出得越多，煨出的汤的滋味就越鲜醇，被煨食品的质地就越酥烂。

入锅要冷水

一般动物性食材富含蛋白质和脂肪等营养物质，这些营养物质如果突然遇到高温会马上凝固形成外膜，阻碍食材内部的营养物质的外溢。食材放入冷水锅中烧煮，由于冷水变成沸水需要一个过程和时间，而这个过程可为营养素从食材中溢出创造条件，从而使汤的味道更鲜美。

配水要合理

水既是鲜香食品的溶剂，又是食品传热的介质。水温的变化、用量的多少，对汤的风味有着直接的影响。用水量一般是煨汤的主要食品重量的 3 倍，同时应使食品与冷水共同受热，既不直接用沸水煨汤，也不中途加冷水，以使食品中的营养物质缓慢地溢出，最终达到汤色清澈的效果。

火候要掌握

煨汤的要诀是：旺火烧沸，小火慢煨。这样才能使食品内的蛋白质浸出物等鲜香物质尽可能地溶解出来，以便达到鲜醇味美的目的。故只有文火才能使浸出物溶解得更多，既清澈，又浓醇。

浮沫要撇净

汤中的浮沫多来源于食材中的血红蛋白、表面污物和水中的水垢等，当水温在80℃时，这些物质会漂浮在汤的表面，此时要用汤勺将浮沫撇去，直到撇净为止，以免影响汤汁的色泽和气味。

汤汁要清亮

要想汤汁清亮，不混浊，必须用微火煮制，使锅内汤汁微开、不滚腾。因为大滚大开，会使汤汁里的蛋白质分子凝结成许多白色颗粒，汤汁自然就混浊不清了。如果汤汁太咸，可以把大米装入煲汤袋或者小布袋里，放入汤中一起煮一下，盐分就会被吸收进去，汤自然就会变淡。

调味要适当

注意调味用料的投放顺序。特别注意熬汤时不宜先放盐，因盐具有渗透作用，会使原料中水分排出，蛋白质凝固，鲜味不足。一般地说，60 ~ 80℃的温度易引起部分维生素破坏，而煲汤使食物温度长时间维持在85 ~ 100℃。因此，若在汤中加蔬菜应随放随吃，以减少维生素C的破坏。汤中可以适量放入味精、香油、胡椒、姜、葱、蒜等调味品，使其别具特色，但注意用量不宜太多，以免影响汤的原味。

天麻炖乳鸽

汤味醇浓 · 乳鸽鲜嫩

原料：乳鸽1只，天麻15克，木瓜100克

调料：姜1片，盐、味精各适量

做法

❶ 天麻用温水洗净后切片；木瓜去皮，切滚刀块。

❷ 乳鸽放血，用50℃温水去毛，去内脏、足爪，剁块，再焯去血水。

❸ 把木瓜块、鸽块依次放盅内，天麻片放鸽上，加入姜片，掺入清水，用牛皮纸蒙口。

❹ 上笼大火炖1小时，再用中火炖至鸽软，去掉姜片，加入盐、味精调味即可。

制作点睛：

炖制前，先把天麻放于米饭上蒸，使其吸收米液精华，增其药性再切片，长时间的蒸炖使所含营养成分充分溶解，易于人体吸收，并散发出诱人食欲之香味。

健康食疗

天麻含香荚兰醇、香荚兰醛、维生素A、微量生物碱、黏液质等；乳鸽含蛋白质、膳食脂肪；二者合烹有安神补脑、益气补血、治疗头沉耳鸣、提高记忆的功效。

咸鲜味
受大众欢迎度 ★★★★☆

野生贝母炖鹧鸪

汤水味甘 · 止咳平喘

原料：鹧鸪1只，贝母5克，南北杏5克，枸杞适量

调料：姜1片，盐少许

做法

1. 鹧鸪杀好后，清干净内脏，洗净；贝母买回来后要洗干净，南北杏洗净备用。
2. 将贝母、鹧鸪、南北杏、姜片一同放进炖盅煲内，炖2小时，加入枸杞再炖5分钟。
3. 炖好后加入盐调味即可。

厨房心得

贝母外貌与薏米非常相似，不过价格差别很大，要注意区分。一般贝母在药材店买得到，要选购未经处理过的，带少许灰色，注意处理过的贝母相当白净，虽然好看，但功效较弱，而且价钱也较贵。

鲜人参炖老鸡

汤味醇厚·滋补安神

原料：老母鸡1只，鲜人参1棵，枸杞适量

调料：盐少许

健康食疗

这款汤具有大补元气，复脉固脱，补脾益肺，生津，安神，抗衰老、乌须发、壮腰膝、强视力、活血脉等功效。用于体虚欲脱，肢冷脉微，肺虚喘咳，津伤口渴，内热消渴，久病虚羸，惊悸失眠，心力衰竭，心原性休克患者的食疗。

做法

1. 鸡剔净，去内脏、鸡头、鸡脖、鸡脚、鸡尾部，斩件，放入砂煲内，加入2000毫升水，大火煮开，去血水。
2. 把鲜人参洗净，放入煲中，用武火煮到水开后再煲5分钟，改中火煲4小时，加入枸杞。
3. 去油，让汤慢慢地冷下来，待与体温相近的时候，把表面的杂质去掉，加入盐调味。

椰子炖乌鸡

香浓清甜 · 补血养颜

原料：老椰子 1 个，乌骨鸡腿 1 个，花旗参 15 克，枸杞 10 克

调料：姜 2 片，盐少许

做法

1. 鸡腿洗净切成块；枸杞洗净，姜切片待用。
2. 把椰子盅打开，倒入三分之一椰汁。
3. 把斩好的乌骨鸡腿、枸杞、姜片、花旗参放入椰子盅内。
4. 蒸锅内入水，然后把椰子盅放锅内，盖上椰盖隔水炖 1 个半小时，加盐调味即可。

健康食疗

乌骨鸡具有滋阴壮阳，强身补气、补血、补虚除劳之功用。其丰富的蛋白质含量，丰富的黑色素，能使人体内的红细胞和血色素增生。女士常喝乌骨鸡汤，有美容养颜的效果。椰子营养丰富，可生津利尿、治疗热病，果肉有益气、祛风寒、令人面色润泽的功效。

五叶神炖水鸭

清凉可口 · 滋补祛火

原料：水鸭半只，五叶神 30 克，瘦肉 50 克

调料：姜 2 片，盐少许

做法

❶ 五叶神稍浸泡，漂洗净；水鸭宰洗净，去脏杂、尾部，斩件；瘦肉洗净，切块。

❷ 把五叶神、水鸭、瘦肉、姜下炖盅，加冷开水 1500 毫升，隔水炖约 3 小时便可。

❸ 饮用时入盐调味即可。

健康食疗

五叶神性寒味苦，有消炎解毒、祛痰止咳、镇静安神、益气强身的功效。药理作用分析，它具有类似人参的作用，因而有的地方称为人参叶。水鸭为水中之禽，为性凉的滋补禽畜肉，尤其适宜夏秋暑热和上火之人食用。

虫草花石斛炖螺头

汤水清亮 · 滋补营养

原料：虫草花 50 克，石斛 15 克，干螺头 100 克

调料：盐、姜片各适量

健康食疗

此道菜非常适合用脑过度的人士食用，有滋养肝阴、益眼明目的功效。

咸鲜味

受大众欢迎度 ★★★★☆

做法

1. 石斛洗净；虫草花洗净，用水浸泡 20 分钟。
2. 将海螺头洗去黑斑及杂物，洗净，用热水泡软，加一小块姜，入开水中汆水 5 分钟捞出。
3. 瓦煲中加入适量清水，放入所有材料武火煮沸，用汤勺将浮沫撇去。
4. 转文火煲 2 小时，下盐调味即可。

橄榄炖角螺

汤水甘凉 ·提神解腻

原料：角螺10粒，橄榄100克，瘦肉100克，上汤1000克

调料：鸡精、盐各适量

健康食疗

橄榄营养成分很好，果实里的油脂旺盛，用它来入汤做菜，对秋季干燥的身体有很大好处。角螺，其实也是响螺，肉瓷实、鲜甜。这款汤入口清淡甘甜，喝起来肠胃非常暖和、舒服。

甜香味

受大众欢迎度 ★★★★☆

制作点睛：

角螺与橄榄一起炖制不需要时间太长，只等汤里入了角螺的鲜味、橄榄也软烂了就可以出锅。

做法

1. 角螺取肉刷洗干净，切去螺头硬肉、螺肠，再片薄片；橄榄洗净拍破；上汤入盐、味精调味待用。
2. 将橄榄、螺片飞水，一起放入炖盅，加瘦肉及调好味的上汤，放入蒸笼炖20分钟即成。

茶树菇炖猪展

汤味鲜浓·补肾滋阴

健康食疗

茶树菇是一种高蛋白，低脂肪，无污染，无药害，集营养、保健、理疗于一身的纯天然食用菌。茶树菇营养丰富，人体必需的8种氨基酸含量齐全，并且含有丰富的B族维生素和钾、钠、钙、镁、铁、锌等微量元素。

咸鲜味

受大众欢迎度 ★★★★☆

原料：猪展肉250克，干茶树菇100克

调料：姜1块，盐少许

做法

1. 猪展肉切方块，冷水下锅，煮开后撇去血沫，捞出备用。
2. 干茶树菇发泡30分钟，剪去根部，充分清洗干净，姜去皮拍扁。
3. 汤锅接适量清水烧开，放入猪展肉，茶树菇、老姜，煮开后转中小火煲约45分钟即可。
4. 食用前加入盐调味即可。

竹荪炖元贝

鲜美可口 · 益气宁神

原料：干贝 100 克，干竹荪 50 克，瘦肉 80 克

调料：鸡精、盐各少许

健康食疗

竹荪俗称"竹中之荤"，含有丰富的多种氨基酸、维生素，能补气养阴，润肺止咳，竹荪的有效成分可补充人体必需的营养物质。

做法

1. 瘦肉切方块，冷水下锅，煮开后撇去血沫，捞出备用。
2. 将干竹荪用温水泡 10 分钟，洗净，切成一寸左右，干贝洗净用开水泡半个小时。
3. 先将干贝、瘦肉下锅同熬 20 分钟，再将备好的竹荪放入锅内煮 5 ~ 10 分钟。
4. 加适量盐、鸡精调味即可。

海底椰炖雪蛤

甘甜清香 · 滋补养颜

原料：海底椰 100 克，雪蛤 30 克，瘦肉 100 克

调料：盐少许

健康食疗

海底椰炖雪蛤，食材的搭配、火候的掌握至关重要，精心煲煮的汤水，不仅滋补养颜，且可生津补气，是很好的养生之品。

做法

1. 瘦肉切方块，冷水下锅，煮开后撇去血沫，捞出备用。
2. 海底椰洗净，雪蛤发透洗净。
3. 用炖盅一个，加入海底椰、雪蛤、瘦肉，注入适量清水。
4. 将炖盅放入锅内，用大火隔水炖 1.5 小时，加入盐调味即可。

第八章

主食、点心、小吃

按日食三餐来分，广府的主食囊括粥饭粉面四个方面，广东人很注重早、中、晚餐的营养搭配，只有把主食安排好了才会一整天都感到心情愉悦。而广式点心、小吃则历史悠久、品种繁多，五光十色，造型精美且口味新颖，别具特色。如色鲜味美、爽韧的干蒸蟹黄烧卖，香酥味美的炸鲜奶，香气诱人的榴莲酥等都是远近闻名的广式点心小吃，犹如儿时记忆中的甜点，一吃则永生难忘。

瑶柱蛋白炒饭

颗粒晶莹 · 清香可口

原料：米饭 200 克，干贝 40 克，鸡蛋 2 个，菜梗适量

调料：油、盐、胡椒粉、香油各适量

做法

❶ 将干贝用清水浸泡至发软，将发软的干贝用手搓碎。

❷ 菜梗洗净，切丁，鸡蛋清打入碗里备用。

❸ 锅中放入少许油烧热，然后将干贝丝和菜梗炒香炒熟，放入米饭，加适量的盐一起拌炒均匀。

❹ 将鸡蛋清倒入炒锅中间按顺时针拌炒均匀，让米饭均匀裹上蛋清，撒上胡椒粉、香油炒匀，起锅盛盘即可。

健康炒饭

健康味美 · 口感丰富

原料：燕麦饭 100 克，黑米饭 20 克，鸡蛋 1 个，玉米粒、菜梗、胡萝卜、海带根各适量

调料：油、盐、胡椒粉、生抽、香油各适量

做法

❶ 菜梗、胡萝卜洗净，切粒。海带根洗净，切小条。玉米粒洗净沥干。鸡蛋清打入碗内，搅匀。

❷ 锅中入油烧热，将鸡蛋清倒入，炒至凝固，盛出。

❸ 锅内再入油，将胡萝卜粒翻炒一会儿，加入菜梗粒、玉米粒、海带根炒香炒熟，倒入燕麦饭跟黑米饭，加盐和生抽，拌炒均匀。

❹ 把炒好的鸡蛋倒入，撒上胡椒粉、香油炒匀，起锅盛盘即可。

皮蛋瘦肉粥

清凉润肺·健脑益智

原料：大米100克，皮蛋1个，瘦猪肉30克，枸杞适量

调料：淀粉、盐、葱花各适量

做法

❶ 将大米洗净后，放入水中浸泡30分钟后沥水倒入锅中，加入适量的水开始煮。

❷ 瘦猪肉浸泡出血水后，再冲洗干净切成肉丝，放入适量的盐和淀粉拌均匀后腌渍10分钟。然后倒入另一口锅煮至颜色全部变浅。

❸ 皮蛋剥皮，切成小块；枸杞洗净备用。

❹ 米煮至软烂，放入肉丝、皮蛋、枸杞和盐，再煮1分钟，撒上葱花即可。

厨房心得

瘦肉事先用调料腌渍一下有了咸鲜味，最后和粥煮吃起来口感较好。肉丝时间煮长则口感易老，全部变白后即捞出。

虾仁粥

养肝护肝·温补阳气

原料：大米150克，鲜虾150克，枸杞适量

调料：盐、姜、料酒、胡椒粉、香菜各适量

做法

❶ 将鲜虾去壳和泥肠，洗净，加料酒和胡椒粉腌渍；姜洗净切末备用；香菜洗净，切末；枸杞洗净；大米洗净，用清水浸泡1小时。

❷ 锅中加入适量清水烧开，放入大米，用大火煮沸，转小火煮30分钟。

❸ 加入虾仁，继续煮25分钟后，加入枸杞续煮5分钟。

❹ 粥将熟时，下香菜、盐、姜末调好味，稍煮片刻即可。

厨房心得

虾仁可加一些胡椒粉和料酒去腥味，再用开水焯烫一下，这样处理过的虾仁煮粥可减少腥味，粥品味道更鲜美。

湿炒牛河

牛肉嫩滑 · 鲜香味美

原料：河粉150克，牛肉100克，干香菇、菜心各适量

调料：油、盐、料酒、生抽、蚝油、生粉、白糖、沙茶酱各适量

做法

❶ 牛肉逆着纹理切成薄片，用白糖腌渍15分钟后，沥掉多余的汁，再放入料酒、生抽、生粉，抓匀后腌渍15分钟。

❷ 菜心清洗干净，从中间切成两半。放入沸水中汆烫熟，沥干水分待用。干香菇泡发洗净，切片，焯水备用。

❸ 将生抽、盐、耗油、沙茶酱加少许水拌匀，做调味汁。

❹ 锅中倒入适量油，油热后倒入河粉，将调味汁加入，翻炒均匀盛出。

❺ 锅中再次倒油，倒入牛肉翻炒至表面有七成变色，将焯水的香菇加入，加入淀粉汁，翻炒均匀至熟透，倒在炒好的河粉上，最后再将汆烫熟的菜心摆在周围即可。

蒜蓉蒸河粉

蒜香浓郁 · 味道鲜美

原料：河粉 200 克

调料：葱、料酒、蒜、生抽、XO酱、白胡椒粉、白糖、香油各适量

做法

1. 大蒜剥皮洗净，剁成蒜蓉，葱洗净，切碎。河粉加入香油、白胡椒粉拌匀，装盘。
2. 热锅入油，放一半蒜蓉爆香后改小火，再加入料酒、生抽、白糖、XO酱、香油、白胡椒粉和少许水搅拌煮匀，汤汁为调味汁。
3. 大火烧开蒸锅中的水，将装有河粉的盘子放进锅中，保持大火蒸5～6分钟关火。
4. 把剩下的蒜蓉、葱花撒上，浇上调味汁即可。

厨房心得

把炸过的蒜蓉和生蒜蓉拌在一起称为金银蒜蓉，两种蒜香混合在一起，香味格外浓郁。

潮式炒面线

干香味美 · 营养丰富

原料：潮式咸面线 100 克，潮式卷肉、绿豆芽、韭菜各适量

调料：沙茶酱、胡椒粉、鸡精、生抽各适量

做法

1. 将潮式卷肉切条，绿豆芽洗净去头尾、韭菜洗净切段。
2. 锅中烧开水，将咸面线烫软，捞出，沥干水分备用。
3. 锅中下适量油烧热，倒入卷肉条炒匀。倒入烫软的咸面线，中小火炒 3 分钟左右。
4. 倒入绿豆芽、韭菜，转大火炒匀，加沙茶酱、胡椒粉、生抽和鸡精调味炒匀即可。

厨房心得

如果没有潮式卷肉可换成肉丝或虾仁等。咸面线本身有咸味，所以不用加盐。

酥炸鲜奶

外酥内嫩 · 奶香浓郁

原料：鲜牛奶、面粉各 200 克，淀粉 80 克，黄油 50 克，泡打粉 25 克

调料：白糖、蛋白、黄油、菠萝香精、臭粉、花生油、盐各适量

做法

1. 牛奶入铜锅上火，加菠萝香精、黄油、白糖，烧开锅后用淀粉勾芡，用木铲顺一方向搅动，待牛奶变稠后倒入刷黄油的盘内，稍凉后，放入冰箱。
2. 将面粉、淀粉、臭粉、泡打粉、盐、蛋白、花生油、清水适量，搅拌均匀，制成脆浆。
3. 锅坐火上，下花生油，烧至五六成热时，将牛奶坯切成菱形小块，先沾上干淀粉，再挂脆浆，下油锅炸至金黄色捞出。
4. 将炸好的鲜奶装盘，即可上桌。

清蒸陈村粉

米香浓郁 · 柔润爽滑

原料：陈村粉 250 克

调料：生抽、香油、酸姜丝、白胡椒粉、辣椒酱、醋各适量

做法

1. 将陈村粉切成小段，装盘，浇上生抽、撒上胡椒粉。
2. 蒸锅内加入适量清水，放入备好的陈村粉，大火蒸 8 分钟，出锅，淋上香油即可。
3. 将辣椒酱、酸姜丝、生抽、醋做成味碟，与蒸好的陈村粉一起上桌即可。

厨房心得

陈村粉的吃法一般以“蒸”为主，把原本光滑白皙的一大张粉皮卷成皱巴巴条状，然后再切段，蒸熟后淋上香油、生抽、酸姜丝等佐料，带着一层油光，吃来香滑无比。

广式肠粉

软润爽滑·色白甘香

原料：粘米粉 200 克，澄粉 20 克，粟米粉 45 克，水 700 毫升，瘦肉馅 50 克，鸡蛋 1 个

调料：料酒、生抽、生粉、葱、食用油、淋酱各适量

厨房心得

广式咸肠粉的馅料主要有猪肉、牛肉、虾仁、猪肝等，可以根据自己的喜好来选馅。淋酱可以自己在家制作。将酱油 100 毫升，沙拉油、鲜味露、鱼露、蚝油各 1 小匙，糖 30 克，葱段、姜片各 25 克，盐、鲜鸡粉各少许用小火煮开后，将葱、姜滤掉，只留酱汁即可。

做法

❶ 将肉馅放入料酒、生抽、油、生粉拌匀，腌渍 10 分钟；葱洗净，切成葱花；鸡蛋打散备用。

❷ 把粘米粉、澄粉、粟米粉和水按 10 ∶ 1 ∶ 2 ∶ 30 的比例拌匀成粉浆。

❸ 在蒸屉刷层油，放入腌好的肉馅，舀一汤勺粉浆，放入葱花和鸡蛋。

❹ 锅放水烧开，把放好材料的蒸屉放在蒸架上，盖上锅盖蒸 3 分钟左右，打开盖子，看到粉浆成形，鼓起小泡泡即熟。

❺ 用铲子把肠粉卷起来，浇上淋酱即可。

奶黄包

奶香浓郁·松软可口

原料：面粉300克，酵母6克，温水适量

调料：奶油100克，牛奶50毫升，鸡蛋2个，油、白糖、面粉各适量

做法

❶ 面盆里放上适量温水和酵母，再加入面粉，和成面团，发酵。

❷ 先切一小块奶油放到小碗里，然后把碗放到蒸锅里把奶油慢慢融化。

❸ 在不锈钢盆里打上鸡蛋，然后倒入少量牛奶，放入白糖、油、奶油和少许面粉搅拌均匀。

❹ 把调好的馅液放到蒸锅上，锅开5分钟后用筷子搅一搅，在锅开10分钟的时候再搅一下，在锅开后15分钟奶黄馅就做好了。

❺ 面团发起来后揉成一个个小剂子，用擀面杖擀薄，把馅料包入，捏好收口朝下，放在屉上。

❻ 蒸锅注水烧上气，将包子放入锅内，盖上锅盖，大火蒸15分钟左右即可。

叉烧包

香滑有汁·甜咸适口

原料：面粉300克，酵母5克，五花叉烧肉100克，里脊叉烧肉100克

调料：食用油、蚝油、葱姜水、鸡精、香油、白糖、生抽各适量

做法

❶ 酵母溶于温水中，静置5分钟备用。

❷ 面粉加入酵母水和成软面团，包上保鲜膜发酵至原来的1.5 ~ 2倍大，呈现蜂窝状；用手轻轻将面团挤压排除气泡。

❸ 发好的面团中加香油、白糖继续揉搓。搓至面粉柔软适中，包上保鲜膜发酵半小时，再搓匀备用。

❹ 将五花叉烧肉、里脊叉烧以1:1的比例切成小肉丁。

❺ 锅中入少许油烧热，下入叉烧肉丁，调入蚝油、生抽、鸡精翻炒均匀盛出。然后将葱姜水分次加入肉馅中拌匀。

❻ 将搓好的发面团揪成小剂子，按压成包子皮包入馅料，打褶成包子坯。

❼ 将包子生坯摆放蒸屉，开火蒸，大火蒸开后转小火蒸15分钟。关火后焖2 ~ 3分钟再打开锅盖即可。

咸香味

受大众欢迎度 ★★★★☆

糯米鸡

清香四溢 · 润滑可口

原料：新鲜大荷叶1片，糯米100克，鸡肉、叉烧肉、白果、板栗各适量

调料：味精、胡椒粉、盐、香葱、大蒜、食用油各适量

做法

❶ 首先将糯米浸泡2小时左右，再取出滤干，放入蒸锅中蒸熟。

❷ 叉烧肉切丁，白果和板栗先煮熟。

❸ 将鸡肉切成丁状，食用油烧热后将鸡丁放入爆炒，五分熟后将鸡丁取出。

❹ 将大蒜炒熟后加入鸡丁，再把鸡丁完全炒熟，同时放入适量味精、盐、香葱。

❺ 取出适量蒸好的糯米，在其中夹入炒好的鸡丁、叉烧肉、白果和板栗，再加入少许胡椒粉、味精、盐，用荷叶将糯米包好。

❻ 最后将其置于小火上清蒸，到荷叶颜色变暗，荷叶香味已可闻到时，即可取出食用。

虾饺皇

皮薄滑软 · 爽口弹牙

原料：澄粉100克，玉米淀粉30克，虾仁50克，冬笋40克，猪肥肉30克

调料：熟猪油、精盐、白糖、鸡精各适量

做法

❶ 冬笋洗净切粒，把猪肥肉洗净，剁碎。

❷ 虾仁洗净剁成碎末，加入冬笋、猪肉及调料拌匀成馅。

❸ 将澄粉、玉米淀粉、熟猪油混合，加入适量开水和成面团，搓条摘剂，擀成大小均匀的面皮，包入馅料。

❹ 将包好的饺皇入笼屉用旺火蒸约8分钟即成。

厨房心得

优质美味的虾饺一定要皮薄而软，如果饺皮是半透明则更佳；虾要爽口弹牙，饺内有少量汁液，饺子趁热食则为最佳。

咸鲜味

受大众欢迎度 ★★★★☆

干蒸烧卖

色鲜味美 · 质地爽润

原料：面粉200克，鸡蛋液100克，玉米粉100克，瘦猪肉100克，鲜虾肉200克，水发冬菇50克，碱水5克

调料：味精、盐、白糖、大油、生抽、香油、胡椒粉各适量

做法

❶ 把面粉放入容器中，加入鸡蛋清、碱水和匀搓揉滑，用湿布包起来饧15分钟。

❷ 将面团搓成细长条，再用刀切成约6毫米厚的小圆片，用擀面棍把小圆片放在干玉米粉里擀成带花边样的小饼皮待用。

❸ 把瘦肉一半剁碎放入盆内，然后加适量盐、生油、味精拌匀。

❹ 将大虾去皮整理干净，剁烂放入另一个盆里加入盐、味精摔打、搅和起胶，再把剩余的瘦猪肉、冬菇切成小粒，和肉、虾三味合成一体，把所有的调料放入搅匀即成馅。

❺ 左手拿皮，右手用尺板拨15克馅放入皮内，用拇指和食指收口，再加上尺板按平，边压边收，成圆形，从顶部可见一点馅心。

❻ 包好后，放在刷过油的小笼屉上，每笼放4个，烧卖张嘴处可加点香肠末或蛋黄蓉加以点缀。蒸时要用大气，约7分钟即可。

做干蒸烧卖的皮是比较硬的，不能和得太软，太软的面团蒸出来会塌，揉面团时，要有耐性，慢慢地揉光滑。烧卖皮尽量擀得薄一点，皮越薄会越好吃，荷叶边也要擀得薄点。

芝士焗番薯

香味浓郁 · 味道鲜美

原料：番薯3个，芝士3片，鸡蛋1个

调料：白糖适量

做法

❶ 番薯洗净，上锅蒸30分钟，番薯蒸熟，用勺子把番薯肉挖出来放碗里，压成泥。

❷ 取两三块芝士，加入一汤匙的牛奶在碗里隔水加热融化，取适量的芝士糊放入番薯泥中拌均匀。

❸ 再酿入锡纸壳里，压实，把剩余的芝士糊涂在上面，再涂上一层蛋黄液，放入烤箱中以200℃烤20分钟即可。

反沙芋头条

口感粉滑 · 味道香甜

原料：香芋500克

调料：油、白糖、盐各适量

做法

❶ 芋头去皮洗净，先切成0.5厘米的厚片，再切成宽为0.5厘米的条；往芋头条上撒1汤匙盐，用手抓匀，腌渍15分钟。

❷ 锅烧热加入适量油，插入竹筷待其四周起细泡时，倒入芋头条以中火炸8～10分钟。

❸ 不断翻搅锅内的芋头条，让其受热均匀，至芋头条炸熟，捞起沥干油。

❹ 倒出锅内余油，倒入适量白糖和半碗清水煮沸，改小火慢熬糖浆并不断翻炒，直至糖浆的泡沫由大变小，呈浓稠状且色泽稍变。

❺ 炸好的芋头条下锅兜匀，让其裹上糖浆后立即熄火，迅速用风扇对锅内吹风，翻炒至芋头条外缘起白霜，便可盛入盘中。

榴莲酥

金黄诱人 · 松化可口

原料：中筋面粉 150 克，低筋面粉 90 克，榴莲肉 300 克，鸡蛋 1 个

调料：黄油 95 克，糖 35 克，蜂蜜适量

甜香味

受大众欢迎度 ★★★★★

做法

1. 制油皮。将中筋面粉 150 克、黄油 50 克、糖 35 克，加适量温水揉成光滑面团，盖上保鲜膜，发面 10 分钟备用。
2. 制油酥。将低筋面粉 90 克、黄油 45 克，混合均匀，揉成油酥团。
3. 制油酥皮。将油皮、油酥分别揉成长条，分成 12 份；将油酥包入油皮中，压扁三折再压扁三折，擀成圆片，即成油酥皮。
4. 将榴莲包入油酥皮中，口向下放入烤盘中即可。烤箱预热 180℃，将蛋黄液刷到榴莲酥上，放入烤箱中烤 30 分钟。
5. 出烤箱的时候，在最外层的酥皮上刷上一层薄薄的蜂蜜，味道更加宜人可口。

摄影师简介 ▶

郭 刚

职业摄影师
MBA 职业策划师
职业营销经理人
食品造型师

从事餐饮管理策划工作近 20 年
欢迎访问 www.0755caipu.com
深圳市幻影艺琢文化传播有限公司

扫一扫
关注无极文化公众微信平台